Bruno Hespeler

CHASSER avec succès

Comportement du gibier
Pratique cynégétique
Équipement du chasseur

Sommaire

Le mot de Bruno 5

Le gibier et la météo 8

- Du chaud au froid 8
- De l'humidité à la sècheresse 10
- Gêné par le vent 12
- Gêné par la neige 13
- Froid et humidité :
  la mort du gibier juvénile 15

Le chasseur et la météo 19

- Gêné par le vent 19
- Le fond sonore du vent 23
- Aidé par l'humidité 24
- Gêné par le gel 25
- Gêné par le brouillard 27

Le chasseur et son équipement 30

- Avoir froid, une question
  d'orgueil ? 30
- En vert ou en rouge ? 31
- Du cuir ou du tissu ? 32
- Des vêtements secs 34
- Des pattes ou des sabots ? 35

Qui est là ? 37

- Au-delà des traces 37
- Ouvrons les yeux ! 38
- Des trouvailles au sol 39
- Fumées, laissées, fientes
  et pelotes de réjection 43
- Cochonneries 45
- Il n'y a plus de chevreuils 47

Le comportement du gibier 49

- Des manœuvres de diversion 49
- Une retraite en bon ordre 50
- Toujours se tenir sur nos gardes 53
- Qui arrive où ? 56

**Dans l'air du temps :
savoir écouter** 61

- Ces sons qui dénoncent 61
- Les indications du brame 64

Communication 69

- Ce jargon des chasseurs 69
- Dans la pratique de la chasse 70
- Comment le dire aux chevreuils ? 72
- Le goût de la contradiction 74

**Se déplacer sur le territoire
de chasse** 77

- On nous a reconnus ! 77
- Ne pas déranger 79
- Le gibier s'instruit aussi
  longtemps qu'il vit 81

Les installations de chasse 84

- Un peu, pour obtenir beaucoup 84
- Toujours plus haut 89
- La mobilité est à la mode 90
- Comment y arriver ? Comment en repartir ? 93
- Si nécessaire, annoncer la couleur 94

Renard, fouine, martre et Cie 96

- Au terrier 96
- Avec la traînée 98
- Le relevé des traces 100

« Corruption » 102

- Appâter, compter ou juger ? 102
- Agrainer : où ? Quand ? Qui ? 103
- Le renard et la fouine 107

La gestion cynégétique 110

- Où ? Quoi ? Comment ? Pourquoi ? 110
- Des trous de mémoire 111
- Que voulons-nous ? 113
- Autant et aussi souvent que possible 115
- Déranger le moins possible 117
- Des circonstances et des comportements 118
- Des solutions alternatives 119
- La méthode sado-maso 122

Les chiens et autres auxiliaires 124

- Autrefois 124
- Un chien, pour quoi faire ? 126
- Le chien pour après 126
- L'aide précieuse de nos compagnes 129
- Pousser le gibier devant soi 135
- Ces contemporains dont on profite 137

Avant et immédiatement après le tir 140

- Des évidences oubliées 140
- Indispensable 141

Question santé / survie 146

- Le comportement à adopter en cas d'urgence 146
- Ne pas trop en demander 147
- La question du vertige 149
- Un AVC à la chasse 151
- Un infarctus à la chasse 152
- La défaillance cardio-vasculaire 155
- Les premiers secours 155
- L'aide à la survie 156
- Des remèdes de grand-mère 157

À propos de l'auteur

Bruno Hespeler a été, pendant de longues années, garde-chasse professionnel auprès de l'administration forestière du land de Bavière et gestionnaire d'un territoire de chasse privé. Depuis plus de 30 ans, il est journaliste indépendant et auteur de nombreux ouvrages traitant de la chasse, du gibier et de l'aménagement des territoires de chasse. Il intervient aussi en tant qu'expert et conseiller auprès des chasseurs, des sociétés de chasse, des administrations forestières et des collectivités locales et territoriales. Il organise, par ailleurs, des visites et excursions consacrées à des thèmes sylvicoles, biologiques – se rapportant à la faune sauvage – et culturels, notamment en Italie et en Slovénie.

Pour d'autres informations, consultez son site : www.hespeler.at

Le mot de Bruno

Aujourd'hui, la chasse individuelle ne se déroule plus comme autrefois. Le nombre de pratiquants de ce mode de chasse s'est accru, alors que la surface chassable a globalement diminué. Si le temps de travail hebdomadaire s'est raccourci, le temps disponible pour la chasse n'a, pour la plupart des chasseurs, pas augmenté. En effet, pour beaucoup d'entre nous, le trajet entre le domicile et le lieu de travail s'est rallongé comme celui qui nous mène de la maison au territoire de chasse.

L'environnement du lieu d'habitation s'est lui aussi modifié pour la plupart des chasseurs. Qui pourrait encore se permettre de dépecer un chevreuil accroché au pommier de son jardin ? Qui pourrait encore suspendre sous son appentis le lièvre qu'il a tiré et qu'il souhaite se cuisiner dans quelques jours ? Qui oserait récupérer un chat écrasé pour poser une traînée lors du dressage de son chien ?

Sur nos territoires, la chasse est devenue de plus en plus difficile, car la nature s'est ouverte à un grand nombre de gens qui cherchent à s'y détendre d'une manière ou d'une autre. Nous vivons dans un système économique et social où presque tout est permis dès lors que cela rapporte de l'argent à quelques-uns, même si cela doit trouer le portefeuille et diminuer la qualité de vie d'autres. C'est aussi vrai dans notre rapport à la nature. Chacun veut rester en bonne santé : on pratique le jogging jusqu'à en détériorer nos articulations. Dans ce monde civilisé et urbanisé, chacun veut goûter à la vie sauvage : on descend les rivières les plus rapides dans un canot pneumatique, au risque de s'y noyer ; on escalade des cascades, jusqu'à se fracturer les os. De jeunes (et moins jeunes) dames vagabondent à dos de cheval à travers la forêt, pendant que des cyclistes chevronnés chevauchent leurs VTT à travers prés et bois ou jusqu'aux sommets des montagnes. Quant à nous, les chasseurs, nous nous contentons, au cours de nos week-ends, de gérer nos minuscules territoires de chasse.

À ses débuts, la chasse se devait d'être aussi rationnelle que possible, sinon les premiers chasseurs n'auraient pas survécu. Mais c'est aussi la rationalité qui a transformé chasseurs-cueilleurs en paysans : les animaux d'élevage étaient plus faciles à prélever que les bêtes sauvages et les fruits cultivés se cueillaient plus efficacement que les fruits sauvages. La chasse a cependant permis de sauvegarder jusqu'à nos jours ce qui lui était intrinsèquement lié, à savoir l'émotion !

Les sangliers, chevreuils, lièvres et canards ont bien du mal à digérer notre présence. Mais ils ont appris, au fil des années, à s'adapter à nous tous, d'une manière ou d'une autre. Bien souvent, c'est *nous* qui, dans ce monde qui a tant changé, ne savons plus comment nous adapter à eux.

L'enfant préféré du chasseur s'appelle « 4 x 4 ». Indispensable pour la gestion de nos petits territoires comme une multitude d'autres outils : le télémètre intégré à la lunette de visée ; l'optique de tir à fort coefficient crépusculaire, qui transforme le crépuscule en plein jour et la nuit profonde en crépuscule ; la caméra à infrarouge, qui nous signale la présence du gibier à proximité des souilles, des agrainoirs, des pierres à sel, ainsi que sur les passages habituels des animaux, le détecteur de chaleur à infrarouges, qui, le soir, nous mène sans détour au chevreuil gisant dans un épais fourré ; l'appareil photo automatique qui, placé à l'agrainoir, fait sonner notre portable lorsque le gibier passe à proximité ; et l'appareil de vision nocturne, grâce auquel nous pouvons enfin constater que notre voisin de chasse est assis à son poste d'affût ! Certains d'entre nous trônent, aujourd'hui déjà, sur leur mirador, un casque électronique sur les oreilles orientant autour d'eux leur micro directionnel. D'autres pratiquent la chasse du brocard à l'appeau en produisant des sons électroniques.

À tout cela s'ajoute encore ce fléau des temps modernes qui nous ramène à ce que nous étions jusqu'au XIXe siècle, à savoir des serfs ! Cette chose s'appelle le téléphone portable. Elle semble être indispensable à la chasse. Les portables veillent à ce que nos heures d'affût ne deviennent pas trop ennuyeuses. Ils nous permettent de demander à nos collègues chasseurs ce qu'ils voient comme gibier au pied de leur mirador. Et si aucun animal n'apparaît, ils nous permettent d'étudier le cours de la bourse. Grâce à eux, nous pouvons téléphoner, photographier et noter tout ce que nous voyons – ou ne voyons pas – lors de nos soirées d'affût.

Il n'y a qu'une chose que nous avons, au fil du temps, fini par oublier totalement : notre aptitude consciente à regarder et à ressentir !

C'est précisément pour nous aider à retrouver cette aptitude que ce livre a été écrit : il devrait donner l'une ou l'autre recette au chasseur d'aujourd'hui. Il ne s'agit, à vrai dire, que de connaissances qui vont de soi mais qui, avec toute la gestion que nous pratiquons, sont de plus en plus menacées de disparition. Il existait une chasse que les plus anciens parmi nous ont encore eu la chance d'apprendre. Bien trop belle et passionnante pour être livrée à toutes ces techniques apparues entre temps. Allons-y !

Bruno Hespeler

Le gibier et la météo

Du chaud au froid

Nous, les chasseurs, sommes habillés en été de façon légère et, en hiver, de vêtements qui nous protègent du froid. Lorsque nous chassons en montagne, nous nous enduisons le visage d'une crème solaire à fort coefficient de protection, afin de nous prémunir contre un coup de soleil. En été, nous utilisons une pommade anti-moustiques, afin de ne pas subir de désagréables démangeaisons. En cas de besoin, nous portons des vêtements de pluie et, selon les territoires de chasse que nous fréquentons, nous changeons nos lourdes chaussures de montagne contre des chaussures légères, plus adaptées à la chasse à l'approche.

Les animaux sauvages n'ont rien de tel. Certes, le gibier à poil s'adapte grossièrement aux conditions météorologiques de chaque saison grâce à sa faculté de changer son pelage d'hiver pour un pelage d'été. Mais au cours des journées estivales, lorsqu'il fait très chaud en fin de matinée, le gibier ne peut pas tomber la veste. Il réagit, lui, au moyen de sa mobilité.

Le soleil rougeoyant descend derrière l'horizon : une nuit glaciale, ainsi qu'un gel matinal lui succèderont.

Toutes les espèces sauvages qui vivent dans nos contrées depuis des millénaires et que l'on considère comme autochtones n'ont pas forcément passé leur jeunesse phylogénique ici. Ainsi les sangliers vivaient-ils, à l'origine, dans des contrées plus chaudes – même si Astérix et Obélix nous laissent entendre que le Bon Dieu les a créés en Gaule. Le lièvre variable, par contre, a toujours suivi les glaciers dans son processus de colonisation. Aussi le recul des neiges éternelles s'avère-t-il incontestablement problématique pour cette espèce. D'autres espèces – auxquelles appartient le faisan – ont été importées chez nous à un moment donné, sans qu'on leur demande auparavant si notre climat leur conviendrait ou non. Toutes ont été, au cours de leur phylogenèse, tenues d'apprendre à s'adapter à de nouvelles conditions climatiques et météorologiques. Il ne faut pas oublier que, depuis le début de l'histoire de la Terre, les périodes de chaleur et de glaciation n'ont cessé de se succéder.

La chaleur, oui et non

Dès lors qu'il trouve des endroits pour se souiller, le sanglier n'est gêné en rien par des étés chauds et secs. Il en est autrement pour les cerfs. Ils supportent, il est vrai, très bien le froid. Mais lorsque, en été, la chaleur devient accablante, nos grands cervidés se mettent en recherche de remises plus fraîches : il peut s'agir tout simplement de zones ombragées ou, en montagne, de zones d'altitude rafraîchies par le vent. Les chamois, eux aussi, fuient la chaleur estivale. Ce n'est qu'en fin d'après-midi ou le soir – lorsque la fraîcheur arrive – qu'ils se dirigent vers leurs zones de gagnage. Après une nuit très froide, qui s'avère souvent désagréable en montagne, ils aiment aussi goûter au soleil du matin. Mais dès que leur panse est remplie, ils retournent dans leurs remises diurnes et ombragées. En hiver, lorsque, en montagne, les nuits sont glaciales et les journées toujours très froides, les chamois recherchent des sites ensoleillés. Les chevreuils quant à eux se montrent beaucoup plus indifférents à la météo. Il suffit d'observer leur aire de répartition : de l'Asie mineure au cercle polaire, de la plaine jusqu'à la limite supérieure de la forêt et de l'Atlantique à l'Oural : tous les climats leur conviennent.

À NOTER !
Lorsqu'il fait très chaud, le grand gibier préfère se déplacer aux heures froides. Lorsqu'il fait froid, il se déplace aux heures chaudes.

Si les animaux sauvages orientent leur comportement en fonction de leurs besoins, ils le font aussi en fonction du temps qu'il fait à l'instant « t ». La lune est aussi à mettre en relation avec la météo. Il ne s'agit nullement ici de nous plier à cette tendance qui relie tout et n'importe quoi à la position de la lune. Nous savons tous que les cerfs et les chevreuils se nourrissent plus longtemps et plus intensivement les nuits de pleine lune que lors de nuits plus obscures. Cela

Lors des très chaudes journées estivales, les cerfs cherchent la fraîcheur et la tranquillité en altitude, au-delà de la limite de la végétation forestière.

les amène aussi à quitter leur zone de gagnage plus tôt le matin. Le besoin qu'éprouvent les animaux à se réchauffer au soleil du matin est, en général, plus fort après de longues et froides nuits hivernales qu'en été. L'accroissement de la lune nous donne, comme au gibier, l'illusion d'un décalage horaire : il fait clair plus longtemps. Cela amène les animaux à se déplacer plus tardivement.

À ce propos, il ne faut pas oublier que beaucoup d'animaux sauvages font précisément ce que nous attendons de nos fédérations de chasseurs, à savoir qu'elles agissent au lieu de réagir ! Les animaux sauvages sentent le temps qu'il va faire : il n'est pas rare qu'ils anticipent encore plus notre baromètre. Lorsque les chocards à bec jaune viennent mendier dans nos villages de montagne, c'est un signe sûr de baisse brutale de la température. Lorsque les chamois tendent à descendre en altitude, c'est que la situation météorologique va s'aggraver dans les jours à venir. Et lorsqu'un orage se prépare, les chevreuils ne se déplacent plus – ou alors ils se mettent à manger, de façon étonnante, avec beaucoup de précipitation.

De l'humidité à la sècheresse

Après plusieurs jours de pluie, tous les animaux sauvages aspirent à être au soleil. Le chasseur trempé se tient à l'affût, des journées entières, aussi vainement que piteusement : il ne voit rien. Puis le temps change. En fin de matinée, le soleil se met à briller et partout on voit des chevreuils sur les prairies. Il nous arrive de vivre aussi l'inverse : il a fait beau et sec longtemps, aucun animal ne semblait se déplacer et subitement, il s'est mis à pleuvoir. C'est ce moment que les chevreuils choisissent pour sortir du bois en pleine matinée, sous une pluie persistante. Chacun d'entre nous sait cela, et pourtant, nous le prenons rarement en considération.

Les ongulés sauvages ne sont pas les seuls à réagir à ces changements météorologiques. Les lapins de garenne, originaires des bords de la Méditerranée, n'apprécient pas du tout la pluie, ni le vent froid : ces jours-là, ils restent planqués dans leur terrier. Mais si le soleil se remet enfin à briller, les lapins sortent en plein jour, pour s'alimenter et emmagasiner de la chaleur.

Les pays d'origine du sanglier se trouvent dans des régions tropicales ou subtropicales. Nos bêtes noires aiment la chaleur, mais elles veulent aussi de l'eau et surtout de la boue, idéale pour y faire leur toilette. Aussi, lorsque la sécheresse perdure, avons-nous toutes les chances de rencontrer des sangliers à proximité de souilles.

Contre la chaleur et les insectes

Les cerfs aussi sont incités à fréquenter plus souvent les souilles lorsque sévit une sécheresse. Mais leur motif est bien différent de celui des sangliers. En effet, si les cerfs s'accommodent très bien du froid, ils supportent très mal les fortes chaleurs et éprouvent un besoin continuel de se rafraîchir. Ce besoin, ils peuvent le satisfaire dans les souilles. Par ailleurs, porter une couche de boue les protègera ensuite à la fois de la chaleur et des insectes.

Concernant les chevreuils, les journées pluvieuses automnales sont celles qui conviennent le mieux à de petites chasses en battue – on a alors un peu de mal à motiver des traqueurs à traverser les ronciers mais les chiens, eux, sont ravis d'effectuer cette tâche. Lors de ces journées humides, les chevreuils sont visiblement plus enclins à sortir de leurs remises que lorsque le temps est sec.

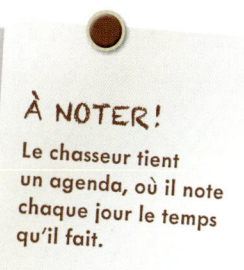

À NOTER !
Le chasseur tient un agenda, où il note chaque jour le temps qu'il fait.

Lorsque, en automne, il fait chaud, les résultats obtenus aux battues de chevreuils s'avèrent plutôt décevants. C'est surtout le cas lorsque souffle le foehn et que la température dépasse 10 °C. Alors les chevreuils tendent à se fixer dans leurs remises.

Depuis que je vais à la chasse, je note tous les jours dans mon agenda, outre mes activités, le temps qu'il fait. J'écris des symboles plus que des mots. J'y ajoute l'une ou l'autre observations. Cela m'a permis de rassembler, au fil des années, une multitude d'informations, très intéressantes du point de vue cynégétique. Certains chasseurs tiennent des

Les chevreuils se déplacent peu en hiver : ils économisent leur énergie.

journaux de chasse bien complets, où ils notent entre autres leurs remarques concernant la météo. Mais si l'on veut mettre ces informations en relation avec ce qui se déroule sur le territoire de chasse, il est nécessaire, pour exploiter toutes ces données, de pouvoir s'appuyer sur des notes très complètes et détaillées.

Gêné par le vent

Un élément fondamental du temps, c'est le vent. Il s'avère désagréable pour la plupart des espèces gibier. Elles en ont tout de même besoin les jours de forte chaleur, pour se rafraîchir ou pour se protéger des insectes. Ce qui d'ailleurs amène les cerfs et biches à fréquenter volontiers, lors des chaudes journées estivales, les zones d'altitude où le vent leur apporte de la fraîcheur et où ils ne sont pas incommodés par les insectes.

Le vent constitue aussi, pour les animaux qui ont du nez, un incontestable facteur d'insécurité, dans la mesure où il perturbe la captation des odeurs émises par les autres espèces et étouffe beaucoup de bruits. Aussi, lorsqu'ils en ont la possibilité, les ongulés se déplacent-ils alors dans des zones mieux protégées du vent. Lorsque le vent souffle fort, les animaux réagissent surtout de manière nettement plus méfiante et, souvent, ils ne commencent à se déplacer qu'à la nuit tombée. Le soir, les chevreuils préfèrent rester à l'abri du vent à proximité des lisières de forêt plutôt que de sortir tout de suite en plein champ. Et si le vent se transforme en tempête, les ongulés évitent même de pénétrer dans les hautes futaies. Ainsi est-il étonnant de constater que les cerfs et les chevreuils sont relativement peu nombreux, au cours des ouragans de ces 20 dernières années, à avoir été victimes de chutes d'arbres ou de branches cassées. Les animaux les plus menacés par l'ouragan sont les sangliers : couchés dans leurs bauges, ils laissent la tempête se dérouler au-dessus d'eux. Quant à tous ces chevreuils en plaine, lorsque le vent souffle très fort, ils se mettent généralement à l'abri derrière une haie – si, par bonheur, il en existe encore sur le territoire de chasse où ils se trouvent.

Technique de vol

Pour le gibier à plume, le vent fort constitue un problème technique. Les faisans et perdreaux évitent alors de voler. Même les canards, qui les dépassent de loin quant à la technique de vol, préfèrent patauger dans les roselières lorsque le vent souffle fort. La situation est évidemment différente si nous vivons et chassons dans une zone côtière ou à l'intérieur des terres, dans une région peut-être vallonnée. Ce que nous appelons un «vent fort» dans une plaine continentale ou une région montagneuse est, en bord de mer, un phénomène basique – susceptible d'augmenter en intensité – auquel la faune sauvage s'adapte forcément.

Le vent s'avère particulièrement désagréable lorsqu'il se conjugue avec l'humidité. Nous le ressentons à chaque randonnée en montagne lorsque, arrivés au sommet, notre chemise est trempée de sueur et que le vent souffle. À la chasse au chamois aussi, nous sommes confrontés à de telles situations, ce qui nous incite à emporter une chemise de rechange dans notre sac à dos. Le renard, qui n'a pas de chemise de rechange, perçoit le vent comme extrêmement désagréable lorsque, le pelage trempé, il revient de sa billebaude nocturne. Aussi s'empresse-t-il de rejoindre son terrier. Dans ces étroites galeries, il peut se réchauffer rapidement, avec la chaleur de son propre corps.

Certes nous percevons chacun les choses de manière différente. Répéter cette expérience peut pourtant provoquer un déclic : effectuer en toute tranquillité un long parcours de pirsch en étant habillé de façon très légère. La sensation laissée par notre chemisette nous indiquera très vite les endroits qui sont agréables et ceux qui ne le sont pas.

Gêné par la neige

Tout chasseur connaît cela : la neige vient de tomber, il décide de faire un tour sur son territoire de chasse pour y repérer les traces de gibier et il trouve… une couche de neige quasiment

> **À NOTER !**
> Les animaux sauvages ne cultivent pas de traditions. Ils adoptent des stratégies de survie.

vierge ! Plus il est tombé de neige au cours de la nuit, moins il voit de traces. C'est d'abord pour les jeunes animaux, qui la découvrent, que la première neige constitue un facteur d'insécurité. Aussi préfèrent-ils ne pas se déplacer. Les animaux adultes, eux aussi, préfèrent attendre. Cette tendance à éviter tout déplacement est d'autant plus grande que la couche de neige est épaisse. En effet, tout déplacement réclame de l'énergie. Or, en hiver, l'énergie est limitée. Se remiser et simplement attendre, au moins jusqu'à ce que la neige se soit un peu tassée, peut s'avérer plus avantageux du point de vue énergétique que de circuler péniblement aux alentours pour trouver une maigre nourriture.

Pour ce qui est du cerf, nous savons aujourd'hui que c'est une espèce susceptible de tomber dans un bref sommeil hivernal. Nos grands cervidés n'effectuent pas d'hibernation au sens propre, mais lors de certaines journées, ils sont capables de réduire leurs fonctions corporelles les plus importantes, comme la respiration, la température et la circulation sanguine. Il s'agit là de véritables indices de sommeil hivernal. Dans un tel état, les animaux ne se déplacent pas. Donc nous ne les voyons pas.

Lorsque tombe la première neige, les chamois restent parfois des journées entières au même endroit, sans se lever, surtout les vieux boucs vivant en solitaire en marge des hardes. Ils ont en effet perdu, pendant le rut, une grande partie des réserves accumulées en été et au début de l'automne. Quant au sanglier, s'il tend à se déplacer un peu par-ci, par-là, il passe aussi des journées entières debout ou couché dans sa bauge. À l'abri des avalanches...

La neige poudreuse

Pour d'autres espèces gibier comme le blaireau, évacuer une épaisse couche de neige poudreuse se révèle trop fatigant pour atteindre la nourriture au sol. Aussi le blaireau reste-t-il plusieurs jours – voire une ou deux semaines – dans son terrier en attendant que le temps s'améliore. On ne peut pas dire qu'il hiberne, il ne bénéficie que d'un repos hivernal temporaire. Lorsqu'une épaisse couche de neige poudreuse vient de tomber, le renard tend à ne pas quitter son terrier. S'il peut sans grands efforts atteindre un chemin dégagé, des traces de tracteur ou de ski de fond menant à un village, ce qui lui évite de s'enfoncer, il ne restera pas forcément dans son terrier. Ce n'est donc pas seulement l'épaisseur de la couche de neige qui décide du maintien du goupil dans son terrier, mais aussi l'infrastructure locale dont il peut bénéficier. De telles réflexions sont d'un réel intérêt pour la pratique de la chasse. C'est ainsi que je peux, lorsqu'une

Se déplacer dans la neige profonde : quelle dépense d'énergie !

épaisse couche de neige vient de recouvrir le sol, rester trois nuits d'affilée à l'affût, sans apercevoir le moindre renard, alors que ses traces trahissent sa présence au milieu des maisons du village.

C'est en parcourant 200 mètres, avec de la neige jusqu'aux genoux, pour rejoindre notre poste d'affût que l'on peut mesurer à quel point la neige sollicite les forces des animaux qui ont à les traverser.

Froid et humidité : la mort du gibier juvénile

La météo peut influencer l'état de santé des animaux sauvages. Elle peut favoriser ou limiter la propagation des maladies. L'humidité conjuguée au froid est, durant leurs premières semaines de vie, fatale à la plupart des jeunes animaux. Les marcassins au mois de mars, les faons de chevreuil au mois de mai et les poussins du gibier à plume au mois de juin peuvent être victimes de ce type de temps. L'humidité favorise en effet le développement d'une multitude de parasites.

Lorsqu'il pleut sans arrêt et que, en plus, il fait froid, peu d'insectes volent, ce qui peut entraîner une carence nutritive mortelle chez certains poussins. Durant leurs deux

Le froid et l'humidité : une menace pour le levreau.

premières semaines d'existence, ils ne consomment pour ainsi dire aucune nourriture végétale. Leur alimentation est constituée seulement de protéines animales : ils ne consomment quasiment que des insectes.

D'indispensables auvents

La météo n'est évidemment pas la seule cause décisive de la mortalité du gibier. Les poussins trouvent en effet d'autant plus facilement des insectes par temps de pluie, que le biotope où ils sont venus au monde est riche et diversifié. Les poussins de faisan et de perdrix ne sont, au début, guère en mesure d'attraper suffisamment d'insectes qui volent dans l'air. Ils ont besoin d'insectes posés ou faisant presque du surplace dans l'air. Ils les trouvent le plus facilement sous de grandes feuilles, créant un effet de parapluie presque au ras du sol : c'est là que les poussins sont les plus à même de les attraper. Chez les canards, c'est la végétation au bord de l'eau qui s'avère déterminante. Les millions d'insectes qui, juste après la pluie, volent à ras de l'eau, restent le plus souvent hors de portée des canetons. Et, le cas échéant, ces derniers dépensent plus d'énergie dans l'acte de capture qu'ils n'en ingurgitent : ils happent autour d'eux et nagent fébrilement par-ci, par là – mais ils n'attrapent quasiment rien. Il en est bien autrement lorsque les rives sont végétalisées conformément à la nature. Là, ils trouvent toujours quelque insecte posé sur une plante, qu'ils peuvent becqueter sans grande difficulté.

Des canetons qui pratiquent la chasse aux insectes sur un plan d'eau démuni de toute végétation ne manquent, par leur comportement spectaculaire, de se faire repérer par leurs prédateurs sous l'eau : ils attirent l'attention des brochets,

Au milieu du plan d'eau, la chasse aux insectes demande plus d'énergie que sur les rives végétalisées.

silures et grosses truites ; et, dans l'air, ce sont surtout les mouettes, mais aussi les rapaces et autres oiseaux de proie qui les menacent.

Expérimenter

Il va de soi que l'humidité n'est, en soi, pas fondamentalement néfaste au jeune gibier à plume. Les faisans, perdreaux, etc. consomment en effet régulièrement de l'eau. Lorsqu'il fait très sec, la plupart des insectes volent plus haut, ce qui les rend inaccessibles aux oiseaux vivant au sol. Mais arrêtons de théoriser. Il suffit que le chasseur, après la pluie, se couche par terre au bord d'une haie ou d'un cours d'eau. Des milliers d'insectes ne manqueront pas de bourdonner au-dessus de lui, voire de le piquer, en se moquant

La rousse peut camoufler sa couvée à la perfection et le chasseur peut piéger un maximum de ses prédateurs (renards et martres) : si la météo est mauvaise, les poussins finiront quand même par mourir.

de la crème protectrice dont il se sera enduit. Il aura beau se débattre, il peinera à les faire fuir. Si, à l'inverse, un jour où il fait chaud et un peu venteux, notre chasseur s'allonge dans une prairie venant d'être fauchée, il pourra alors, sans être dérangé par quelque insecte menaçant, méditer à loisir sur les nouvelles réglementations de chasse, la politique environnementale du gouvernement ou l'activité des fédérations de chasseurs.

Il apparaît donc que les choses sont un peu plus compliquées – interconnectées – que ce que l'on imagine. Une même situation météorologique peut, selon le cas, avoir des conséquences positives ou négatives. Une chose est sûre, c'est que les chances de survie du gibier juvénile sont beaucoup plus grandes sur des territoires de chasse non remembrés, bénéficiant de petites structures paysagères et d'une végétation riche et diversifiée, que sur des territoires uniformisés par la monoculture. Si le chasseur peut influencer bien des choses, il ne peut, hélas, rien changer à la météo, dont l'importance s'avère bien supérieure à la plupart des mesures entreprises pour la gestion du gibier et l'aménagement des territoires de chasse.

Le chasseur et la météo

Gêné par le vent

Nous venons de l'évoquer : la météo joue un grand rôle dans le comportement de la faune sauvage. Nous aurions tort de ne pas en tirer des conclusions pour le chasseur. Si, munis de notre arme, nous sommes installés sur un mirador, ce n'est pas – seulement – pour goûter à la beauté du paysage ou à celle du temps qu'il fait, mais aussi pour tirer du gibier, ou au moins pour en voir. Comme celui-ci n'agit pas selon nos désirs, ni selon notre agenda, nous sommes contraints de nous adapter à *son* comportement. Beaucoup de chasseurs tendent à oublier ce principe. Ils planifient le temps qu'ils passent sur leur territoire de chasse en fonction de leur propre calendrier, sans tenir compte de la situation extérieure. Nos gouvernements européens se plaignent souvent de la baisse de la natalité. Et que font les chasseurs ? Ils passent des heures et des heures sur leurs territoires de chasse... pour rien !

Le brouillard ne va pas tarder à «avaler» ce chamois.

Un étroit ruban en plastique que l'on noue à une petite branche nous permet d'observer le vent, mais aussi, très souvent, de nous rendre compte que nous ne pouvons pas nous fier à lui.

À NOTER !

Le vent à proximité immédiate de notre poste d'affût ou à certains points précis de notre circuit de pirsch n'est pas défini par « Monsieur Météo » à la télé, mais par les particularités de la situation locale où nous nous trouvons !

Pour nous, chasseurs, le vent est le facteur le plus important dont il faut tenir compte, pour connaître l'utilisation de l'espace par le gibier, et pour ne pas nous faire éventer par les animaux. Mais chaque sortie sur notre territoire de chasse nous le rappelle : le vent est souvent trompeur et imprévisible. Avant d'atteindre son poste d'affût, chaque chasseur cherche à connaître la direction du vent. Il observe le mouvement des feuilles, des herbes et des céréales, ainsi que la direction des nuages. Mais la direction du vent qu'il constate ainsi est influencée par une multitude de facteurs, plus infimes les uns que les autres. C'est ainsi qu'il y a des coins de forêt ou de petites clairières où le vent tourne toujours. On trouve aussi des lisières de forêt où le vent se rabat au-dessus des cimes des arbres avant de retourner en sens contraire au niveau du sol. D'autres lisières, chauffées par le soleil, amènent l'air à prendre un courant ascendant.

On trouve dans le commerce toutes sortes de girouettes ou autres instruments permettant de prendre le vent : ils s'avèrent non seulement inutiles, mais aussi plus ou moins encombrants. Je ne voudrais pas inciter les chasseurs à fumer, mais il faut bien le reconnaître : la fumée sur un mirador informe de la direction du vent. Un autre moyen d'obtenir cette information lorsqu'on pratique l'affût ou la pirsch, c'est de fixer tout simplement un bout de ruban plastique à une branche. Si l'on ne dispose pas de ruban de signalisation, on peut très facilement s'en confectionner un en le découpant par exemple dans un sachet plastique.

Pour découvrir la fourberie du vent, il suffit de se mettre à l'affût un soir d'automne ou après une pluie d'été, lorsque flottent de fines brumes. En plaine, on conserve la capacité

Dans les trouées forestières, le vent se met souvent à tourbillonner. Il est préférable d'y construire des miradors fermés.

En lisière de forêt, il arrive souvent que le vent se rabatte et même qu'il pénètre à nouveau, sur une certaine distance, à l'intérieur du peuplement forestier.

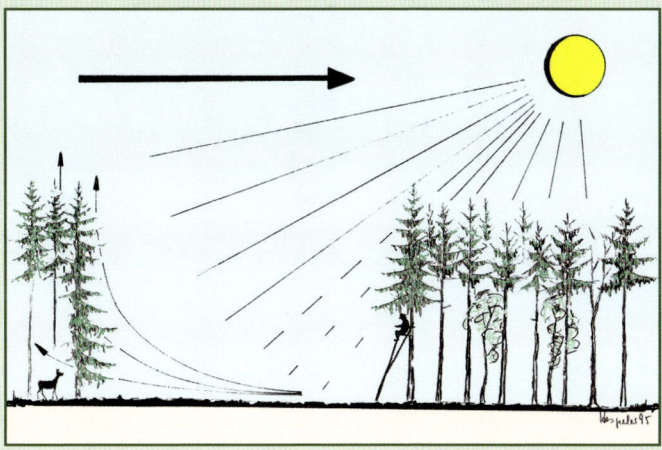

Lorsqu'après une nuit froide, le soleil réchauffe la lisière d'une forêt, l'air monte le long de celle-ci. La circulation de l'air au sol peut alors s'effectuer dans un sens contraire à celui du vent au-dessus des arbres.

Les chemins forestiers, notamment ceux qui longent un versant, constituent des corridors venteux qui peuvent considérablement perturber le sens du vent.

En montagne, l'air est ascendant dans les versants ensoleillés. Lorsque ceux-ci sont ombragés – et la nuit – les courants d'air sont généralement descendants.

de déterminer sa direction. Mais plus le terrain s'avère escarpé, plus le vent devient imprévisible. Il n'est pas rare de voir, à flanc de versant, des couches de brouillard qui, tout en étant serrées les unes au-dessus des autres, se déplacent en sens contraire.

Chaque trouée forestière, qu'il s'agisse d'un simple dégât de scolytes, d'un chablis dû à la neige ou au vent, ou d'une trouée résultant de quelque mesure sylvicole, doit éveiller nos soupçons. Il faut y penser quand on choisit l'emplacement d'une installation d'affût!

Ne regardons pas que le déplacement des nuages pour déterminer la direction du vent! En effet, nous ne sommes pas assis là-haut, dans les nuages, mais au sol ou à proximité de celui-ci. Et là, le vent vient souvent d'une tout autre direction. Il nous arrive même de constater que les branches et feuilles des cimes s'orientent bien différemment de ce que laisse supposer le vent au sol.

Le fond sonore du vent

Avec le vent, l'on est parfois doublement trahi. Le vent véhicule non seulement notre odeur jusqu'au gibier, mais il étouffe aussi tous les bruits occasionnés par l'arrivée de ce dernier. Le grand gibier quitte rarement le couvert forestier avant d'avoir vérifié auparavant s'il n'y a pas de danger à sortir de la forêt. Les lisières sont des zones critiques, que le gibier qui arrive calmement, veille toujours à contrôler en gardant tous ses sens en alerte. Il voit rarement le chasseur qui se tient immobile sur son échelle d'affût. Mais, au moindre mouvement, il ne manque pas de le percevoir. En règle générale, nous ne bougeons plus, dès lors que nous avons remarqué l'arrivée du gibier. Nos oreilles nous livrent des informations que notre cerveau convertit en images. Nous percevons exactement où se trouve le gibier et savons si nous pouvons encore nous permettre de nous retourner. Mais lorsque le vent souffle très fort, nous n'entendons absolument rien: nous nous tournons et nous retournons beaucoup plus que si le temps était calme. Et c'est précisément pour ça que nous sommes vite repérés!

Problèmes d'orientation

En battue aussi, le vent s'avère gênant. En effet, il interrompt les cris des chiens et, par le fond sonore qu'il génère, il couvre les bruits signalant l'arrivée du gibier. Celui-ci apparaît alors souvent par surprise et le chasseur est dépassé par la situation. Le chasseur perçoit aussi le vent comme désagréable sur le plan corporel, ce qui diminue sa concentration. Finalement, les chasseurs ne tirent rien ou alors, dans la précipitation. C'est particulièrement vrai pour le renard, qui perçoit le moindre mouvement du chasseur posté, mais qui ne se laisse absolument pas entendre lorsque le vent souffle : il court sur le tapis de feuilles mortes sans faire – apparemment – le moindre bruit, et nous sommes effrayés lorsqu'il se trouve subitement devant nous… il s'enfuit sans demander son reste, avant que nous ayons eu le temps de nous remettre.

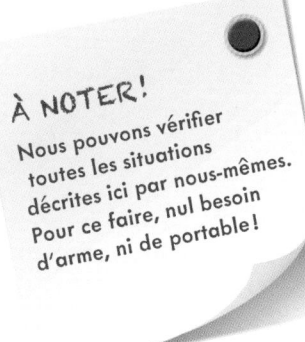

À NOTER !
Nous pouvons vérifier toutes les situations décrites ici par nous-mêmes. Pour ce faire, nul besoin d'arme, ni de portable !

En battue, le vent complique aussi l'orientation du gibier. Celui-ci réagit à ce handicap de façon tout à fait rationnelle : il reste sur place et prend son mal en patience ! Nous ne réagissions pas différemment, lorsque, enfants, nous jouions aux indiens dans la forêt. Aujourd'hui, beaucoup de chasseurs appartiennent déjà à la génération Nintendo : ils ont grandi dans le monde urbain, celui de la société de consommation, et ne connaissent plus les jeux que nous pratiquions autrefois.

Le vent s'avère aussi néfaste à la chasse sous terre, qu'il s'agisse de la chasse au renard ou au lapin. Si le temps est calme, le chasseur entend toujours – par intermittence au moins – les cris des chiens émanant du terrier. Il peut donc se faire une idée de ce qui se passe sous terre. Lorsqu'il utilise un furet, il perçoit le tambour des garennes mâles ou le tapage des lapins s'enfuyant à travers les galeries devant le petit mustélidé. Il entend peut-être même les éventuels cris de plainte d'un lapin venant d'être attrapé par le furet. Tout cela reste inaudible par grand vent.

Aidé par l'humidité

Lorsque, en été, il fait longtemps chaud et sec, le gibier reste passif. De toute façon, nous n'éprouvons alors guère de plaisir à pirscher car, sous nos semelles, les craquements et bruissements sont continuels. Il en va tout autrement lorsque le temps est humide. Là, le gibier est plus actif. Le sol lui-même est ramolli par la pluie, ainsi que les brindilles et les feuilles mortes qui le tapissent. Là où, auparavant, on déclenchait un irrémédiable vacarme, on peut progresser quasiment sans faire de bruit. Cela est aussi vrai pour le gibier, que l'on rencontre souvent au dépourvu. C'est là un principe que nous devrions plus fréquemment prendre en considération. Dans certains secteurs, on ne peut absolument pas pratiquer la pirsch lorsque le temps est sec, et l'on ne peut que très difficilement atteindre certains miradors sans faire de bruit. Dans ce cas, il vaut mieux renoncer. Quand il pleut abondamment, le gibier se montre, plutôt hésitant, ici ou là. Mais lorsque la pluie finit par diminuer, voire s'arrêter complètement, les animaux tendent alors à sortir déjà en fin d'après-midi. Quant à nous, il nous est alors possible de pirscher sans faire de bruit.

Des rameaux secs : indices météo

Tout chasseur qui aménage son territoire de chasse peut en parler : en nettoyant les sentiers de pirsch, il a soigneusement enlevé toutes les branches et tous les rameaux secs se trouvant à hauteur des yeux du pirscheur. Et pourtant, par moment, subitement, une multitude de branches sèches lui barrent à nouveau le chemin ou, dans l'obscurité, lui égratignent le visage. Naturellement, les branches sèches ne repoussent pas, une fois qu'elles ont été coupées ou sciées. Ces rameaux, qui semblent morts, ont poussé plus haut et ils travaillent encore : lorsque l'humidité de l'air est faible, ils se courbent vers le bas. Lorsque la pression atmosphérique chute et que l'humidité de l'air augmente, ils se courbent vers le haut. Ainsi, bien que le chasseur ait dégagé ses sentiers de pirsch, il ne manque pas de se trouver à nouveau gêné à hauteur d'yeux par quelques branches ou rameaux.

Le loden, surtout lorsqu'il comprend du Gore-Tex, est une matière saine et très utile à la chasse.
Lorsqu'il s'agit de franchir une clôture, ne pas oublier de décharger son arme...

Gêné par le gel

Un léger gel peut s'avérer très utile lors des battues de grand gibier, car il nous permet de mieux entendre l'arrivée des animaux. Les feuilles mortes prises par le gel craquent sous les sabots du chevreuil et du sanglier comme sous les

Il est étonnant que la « pèlerine à neige » ne soit pas plus utilisée aujourd'hui. C'est surtout par les nuits de pleine lune ou lorsque la couche de neige n'est pas continue qu'elle constitue un très bon camouflage. En forêt, elle permet au chasseur – si le vent est favorable – de s'approcher de très près des sangliers.

pattes du lièvre, du renard et du chien. Le sol gelé forme des croûtes et craque sous les pas du gibier comme du chasseur. On imagine sans peine l'aspect négatif du gel : il est passablement inutile de vouloir chasser à l'approche sur un sol gelé. On est déjà trahi par le gel lorsque l'on parcourt ce petit bout de chemin qui mène au mirador. Si, de plus, le bois est gelé, l'on ne peut pour ainsi dire pas gravir une échelle sans que les barreaux se mettent à gémir. Et, une fois assis en haut d'un mirador – même le plus solide –, on ne peut quasiment pas bouger, car chaque déplacement de poids est transmis acoustiquement au gibier. Nous avons beau rester immobiles, le simple fait de prendre ou de lever notre carabine nous amène à changer la position de notre corps, et, déjà, un craquement se fait entendre. Lorsqu'il gèle et qu'il n'y a pas de vent fort à ce moment-là, la forêt s'avère beaucoup plus calme et sonore que d'habitude. On pourrait dire que l'air est clair : l'humidité qui y est contenue – et qui étouffe habituellement les bruits – est devenue sans effet. Les bruits les plus légers, que nous pouvons causer à la pirsch ou sur un mirador, deviennent alors audibles de très loin.

Dur comme fer

Si la neige était humide et que, ensuite, elle a gelé, il vaut mieux renoncer tout à fait à chasser à l'approche : le gibier sait alors aussi de quoi il retourne. Il ne se déplace quasiment pas et, le cas échéant, très tard dans la soirée, c'est-à-dire dans l'obscurité. C'est à ce moment-là, peut-être, que assis sur un mirador, l'on entend ici ou là, dans un fourré ou une régénération, la neige craquer : on sait pertinemment que les animaux se tiennent devant nous, mais ils ne sortent pas de leur remise. À un moment donné, il faut, bon gré mal gré, descendre du mirador. C'est alors que les barreaux de l'échelle se mettent à grincer et que la neige ne manque pas de craquer sous les semelles des chaussures. Une fois de plus, on donne au gibier l'occasion d'apprendre à se comporter face à l'homme !

D'ailleurs, la neige croûtée s'avère, pour le gibier aussi, extrêmement désagréable. Dans ce cas, les animaux se déplacent le moins possible. Mais, d'un autre côté, ils mettent alors à profit la courte période des fins de matinée et des débuts d'après-midi au cours de laquelle le soleil, s'il brille, ramollit quelque peu la neige. Tout cela est parfaitement logique. Et pourtant, nous ne le prenons pas assez en considération dans notre pratique cynégétique.

Il faut encore penser à quelque chose d'autre lorsqu'il gèle : plutôt que de constituer un réceptacle pour les balles, le sol gelé les fait ricocher ! En plaine, les plombs rebondissent

À NOTER !
Celui qui a, tôt en saison, réalisé son plan de chasse, peut s'adonner sans scrupule à bien d'autres activités au cours de l'hiver !

Lorsque le sol est gelé, il faut éviter autant que possible de chasser à la pirsch.

sur les labours gelés et, en forêt, les balles ou leurs éclats ricochent sur le sol forestier comme sur les troncs des arbres pris par le gel. Le risque d'accident augmente considérablement !

Le gibier n'aime pas non plus se déplacer par fort gel. Les lièvres restent beaucoup plus longtemps que d'habitude cloués à leur gîte. Quant au grand gibier, il a, lui aussi, moins envie de s'enfuir sur de la neige croûtée ou sur un sol gelé.

Gêné par le brouillard

Le brouillard est un vrai problème : il s'avère toujours dangereux ! Cela est d'autant plus vrai en chasse collective. Aussi est-il préférable, par mesure de sécurité, de renoncer à ce mode de chasse lorsqu'il y a du brouillard. Mais même en chasse individuelle, il représente un réel handicap, à la pirsch comme à l'affût. Nous n'apercevons pas assez rapidement le gibier, alors que celui-ci prend, grâce à son ouïe ou son odorat, connaissance de notre présence. Et lorsque nous sommes à l'affût et que le gibier s'approche de nous jusqu'à être à bonne distance de jugement et de tir, alors subsiste toujours une inconnue quant à la sécurité du tir : nous ne savons pas s'il y a ou non quelque présence humaine aux alentours. Cela est d'autant plus grave encore lorsque le sol est gelé, risquant de provoquer des ricochets de nos projectiles.

Naturellement, par temps de brouillard, le gibier se sent, lui aussi, insécurisé, ce qui l'amène à être plus méfiant : il s'arrête beaucoup plus fréquemment que d'habitude pour

Pendant le rut du chamois, le brouillard nous oblige souvent à interrompre la chasse plus tôt que prévu. Il persiste opiniâtrement dans les vallons et autour des sommets, s'ouvre parfois subitement mais brièvement, ce qui suscite quelques espoirs. Mais le temps que le chasseur s'approche des chamois, ceux-ci ont à nouveau disparu dans le brouillard. Souvent, le chasseur n'entend plus alors que le roulement des pierres provoqué par la fuite des animaux.

prendre le vent et observer les alentours. Il est beaucoup plus sensible aux bruits, car il n'est pas en mesure d'en connaître l'origine. C'est particulièrement vrai à la chasse au chamois. Si une pierre se met à rouler quelque part dans le brouillard, toute la harde s'immobilise souvent un long moment avant de se tranquilliser à nouveau et de continuer à manger. Dans ce cas, le chasseur a tout intérêt à s'accorder beaucoup de temps avant de continuer son chemin.

Imprévisible et menaçant

Si le brouillard est épais et ininterrompu, il stabilise le vent et permet d'en prévoir l'évolution. Des lambeaux de brouillard, par contre, provoquent souvent le contraire. Il suffit de les observer pour nous rendre compte à quel point le vent est alors peu fiable. Il arrive par exemple qu'au niveau du sol, le vent descende, alors qu'à une hauteur de dix mètres, il monte.

À la chasse en montagne, où le vent est incalculable et le terrain souvent sans grande visibilité, le brouillard réduit le chasseur à l'inactivité. Celui qui, dans ce cas, persiste à vouloir sortir pour chasser à l'aveuglette, risque fort de gâcher toutes ses chances pour la journée du lendemain, où le brouillard aura peut-être disparu !

En haute montagne, un épais brouillard peut constituer un danger de mort, dans la mesure où l'on peut rencontrer des problèmes d'orientation. Lorsque le chasseur veut, à la nuit tombante, prendre un raccourci, il peut traverser une zone dangereuse ou ne pas distinguer une bifurcation. Dans le meilleur des cas, il ne retrouvera tout simplement pas le chemin qui mène au refuge ou à la voiture et, dans le pire des cas, il sera victime d'une chute. La présence, dans le sac à dos, d'une couverture de survie pourra alors s'avérer d'un intérêt vital !

En fin de compte, on ne manque pas grand-chose lorsque, par temps de brouillard, on reste à la maison ou qu'on se contente d'effectuer une petite promenade dans un secteur que l'on connaît particulièrement bien. Une exception qui confirme la règle ? La chasse aux oies et aux canards ! Par temps de brouillard, ces oiseaux d'eau ont en effet tendance à voler plus bas que par temps clair surtout lorsque le brouillard, au lieu de toucher le sol, s'étend au-dessus de lui.

À NOTER !
Le brouillard nous amène souvent à surestimer les distances.

Le chasseur et son équipement

Avoir froid, une question d'orgueil ?

Jusqu'au milieu du XXe siècle, seuls les gardes-chasses et le personnel de l'administration forestière portaient un uniforme à la chasse. Mais celui-ci n'était pas toujours d'une couleur très discrète et il s'avérait souvent peu pratique. Quant aux chasseurs eux-mêmes, ils se distinguaient souvent par leur élégance et n'hésitaient pas à porter une chemise blanche, ainsi qu'une cravate, sous leur complet de chasse. Aujourd'hui, les tenues du chasseur sont beaucoup plus pratiques, résistantes et fonctionnelles.

Un fameux principe reste toujours valable : celui de la « pelure d'oignon ». Ainsi est-il recommandé, au cours des saisons froides, de porter plusieurs couches de vêtements légers plutôt qu'une seule et épaisse veste. On portera donc, selon les situations locales, un sous-vêtement, une chemise, un léger pullover et ensuite seulement un anorak ou un manteau. Deux vêtements d'une épaisseur d'un millimètre chacun protègent mieux du froid qu'un seul vêtement d'une épaisseur de deux millimètres, tout simplement parce que l'air qui se trouve enfermé entre les deux couches constitue lui-même un isolant.

Sous la ceinture aussi, les chasseurs – entre autres – se montrent souvent têtus. Certes pas tous, mais une grande partie, refuse de porter des caleçons longs, même lorsqu'il fait très froid. Et pourtant ces sous-vêtements ne sont visibles que si l'on se déshabille, ce qui n'arrive pas à la chasse, en hiver.

En renonçant à cet agréable sous-vêtement, certains de nos contemporains veulent tout simplement paraître très sportifs. Il est vrai que l'on peut s'habituer à aller à la chasse à l'affût, même au mois de décembre, en se contentant d'un slip. Mais aussi chevaleresque qu'elle soit, une telle coutume laisse inéluctablement des traces dans notre corps.

À NOTER !
Mieux vaut porter des caleçons longs que souffrir de la vessie !

Ainsi de nombreux chasseurs, dont certains sont encore relativement jeunes, fréquentent-ils des rhumatologues, s'ils ne sont pas confrontés à des problèmes de reins ou de vessie. Si, sur le plan social, cela contribue effectivement au bon fonctionnement de la médecine spécialisée, cela n'en reste pas moins désagréable sur le plan personnel.

En vert ou en rouge ?

Non, ce n'est pas là d'un choix politique. Il s'agit simplement de se demander si notre tenue de chasse doit absolument être verte, ou plus exactement si la couleur verte nous camoufle mieux que n'importe quelle autre couleur. La réponse est : non ! Les animaux sauvages ne disposent absolument pas de la même perception des couleurs que la nôtre. Pour eux, le vert n'est pas vert et le rouge n'est pas rouge. D'ailleurs, beaucoup de chasseurs, s'ils ne sont pas tout à fait daltoniens, n'en ont pas moins une certaine difficulté à distinguer la couleur rouge : pour eux, le pelage estival d'un chevreuil prend, en fonction du paysage environnant, une couleur plutôt verte ou brunâtre. En d'autres termes, il s'adapte à l'environnement.

Pour nos ongulés sauvages aussi, ce sont les « taches » dans le paysage, particulièrement claires ou particulièrement foncées, qu'ils distinguent en premier lieu, et ce d'autant mieux si ces taches sont mouvantes. Aussi la question « vert ou bien rouge ? » ne se pose-t-elle même pas. Nous en avons la réponse : c'est en portant des couleurs discrètes que nous nous rendons le moins visibles par le gibier. De ce fait, certains dessins ou motifs de camouflage s'avèrent assurément utiles. Mais ce vert que nous aimons tant risque, à l'opposé, de nous soustraire à la vue des compagnons qui chassent avec nous. Ce qui dans beaucoup de pays du monde va de soi depuis longtemps, à savoir qu'à la chasse on s'habille de la façon la plus visible possible – afin de ne pas risquer d'être soi-même tué –, commence aujourd'hui seulement à entrer en vigueur dans certaines de nos contrées européennes.

Un ruban rouge autour du chapeau n'est qu'une pauvre solution de fortune : un chapeau rouge est préférable, et une veste rouge encore meilleure. Beaucoup d'organisateurs de chasses collectives exigent aujourd'hui des participants qu'ils portent une tenue de chasse « fluo ». Dans certains pays ou départements, cette exigence s'impose même par la réglementation en vigueur. On peut espérer que le port de tenues de combat nous sera épargné à la chasse. Y renoncer définitivement ne pourra que bénéficier à l'image du chas-

À NOTER !

Supposons que le brocard que nous venons de tirer se soit enfui au-delà de la limite de notre territoire de chasse et qu'il soit mort sur le territoire du voisin. Lorsque nous allons le chercher – parfois en toute illégalité –, nous ne portons pas toujours une veste de signalisation de couleur fluo… Et pourquoi donc ?

seur dans l'opinion. Nous ne pouvons en effet pas accepter que l'on nous confonde avec des commandos paramilitaires. Laissons de tels déguisements aux enfants qui s'amusent à jouer à la guerre !

Du cuir ou du tissu ?

Pendant très longtemps, je suis allé à la chasse en knickers. Et au début, ceux-ci étaient toujours en cuir. C'était là un vêtement de chasse que j'étais encore en mesure de me payer. De nos jours, on considère que les knickers ne se portent agréablement que s'ils sont coupés assez large, et si l'on n'est pas tenu de traverser une végétation humide ou broussailleuse s'élevant à hauteur des genoux. On peut considérer qu'ils confèrent au chasseur une certaine élégance, mais un pantalon, taillé assez amplement, s'avère beaucoup plus confortable par temps froid ou humide. De plus, il évite à nos chaussettes d'être toujours parsemées de capitules de bardane ou d'autres gratterons, et à nos chaussures de se remplir continuellement de petits cailloux. Un pantalon de taille large, coupé dans un tissu adapté, s'avère plus aéré en été que des knickers étanchéifiés sous les genoux. Lorsqu'on tronçonne en knickers, les chaussures se remplissent de copeaux. Il est recommandé de porter alors un pantalon de protection ! La mode est aujourd'hui aux knickers moulants : véritable gêne lorsqu'il s'agit de grimper en montagne.

Contrairement à ce que l'on entend parfois, les pantalons de cuir ne durent pas éternellement, à moins que l'on choisisse du cuir de cerf ou du cuir d'élan. Mais ces cuirs sont relativement lourds et, en été, désagréablement chauds. Plus agréables sont alors les pantalons en cuir de daim ou de « brocard » (*Wildbockleder*). Ces derniers modèles finissent eux aussi, lorsqu'ils sont très sollicités, par se fissurer au bout de quelques années. Les pantalons en cuir s'avèrent vraiment désagréables à porter lorsqu'ils sont mouillés : ils absorbent l'eau comme une éponge et la conservent en eux. Ils sèchent donc beaucoup moins vite que les pantalons en tissu.

Les culottes de cuir qui descendent jusqu'aux genoux conviennent pour chasser à la pirsch ou à l'affût lors des chaudes journées d'été. Mais là aussi, il y a certains inconvénients. Ceux d'entre nous qui ont la peau claire, et qui sont plus sensibles au soleil que les bruns d'origine méditerranéenne, se détachent beaucoup plus de la couleur verte environnante : s'ils veulent chasser en culottes de cuir, il faut qu'ils enduisent leurs mollets d'une crème brunâtre ! Par ailleurs, ces culottes sont désagréables le matin, lorsque, le long des sentiers de pirsch, les herbes et autres plantes sont encore couvertes de rosée. Ceux qui les portent finissent tôt ou tard par rencontrer d'autres problèmes avec les orties, les ronces et les moustiques.

En fin de compte, les tenues de cuir s'avèrent toujours élégantes et agréables, dès lors qu'on les porte aux occasions qui leur conviennent.

Le loden est une excellente matière, surtout pour les vestes, les parkas et les manteaux. Il faut recommander tout particulièrement le loden en Gore-Tex. Inventé en 1969 aux États-Unis, le Gore-Tex est un tissu breveté par la société WL Gore and Associates. Il se caractérise par son imperméabilité et se double d'une faculté de laisser passer l'eau, qui s'explique par sa composition chimique incorporant notamment du polytétrafluoroéthylène ou «Téflon». Le tissu est composé d'une infinité de nanopores, qui sont, chacun, 20 000 fois plus petits qu'une goutte d'eau. Les tenues en Gore-Tex sont commercialisées en Europe depuis le milieu des années 1970.

Normalement, une tenue en Gore-Tex répond à nos attentes. Mais il faut encore que la différence de température entre la surface de notre corps et l'air extérieur atteigne environ 15 °C. Cela est dû au fait que la pression osmotique nécessaire ne peut être atteinte qu'avec une telle différence de température. Entretemps, on a inventé et commercialisé le Gore-Tex CR, qui réduit cette nécessaire différence de température à 5 °C. Il faut cependant souligner que ces matières ne sont efficaces que si les sous-vêtements sont adaptés. Ainsi, lorsqu'on porte un caleçon ou une chemisette en coton, on réduit la fonction du Gore-Tex à zéro, dans la mesure où le coton absorbe la transpiration.

Beaucoup des parkas et anoraks actuels que l'on trouve aujourd'hui sont réalisés en matière synthétique, ce qui les rend bruyants. Cela peut encore être acceptable à la chasse au chevreuil. Mais le cerf et le renard, eux, réagissent très vite à ces bruits textiles en prenant la fuite.

À côté du loden, on utilise aujourd'hui bien d'autres matières qui, silencieuses et de bonne qualité, sont parfaitement adaptées aux tenues de chasse. La laine polaire en fait partie : elle sert non seulement à confectionner des vestes et des anoraks, mais aussi des sous-vêtements et d'autres habits. La laine polaire n'est pas un tricot comme son nom pourrait le laisser entendre, mais un textile synthétique isolant constitué de polytéréphtalate d'éthylène (PET) et d'autres fibres synthétiques. Les fibres polaires partagent certaines qualités de la laine, mais sont beaucoup plus légères. Très chauds et

> **À NOTER !**
> Les hommes de Néandertal portaient exclusivement du cuir... parce qu'il n'existait quasiment rien d'autre !

À NOTER !
La meilleure protection contre la pluie, c'est un toit.

confortables, les vêtements en fibres polaires sèchent rapidement et laissent respirer la peau. Ils ne s'avèrent cependant imperméables que s'ils sont de bonne qualité – c'est-à-dire qu'ils ne peluchent pas – et munis d'une membrane bien spécifique.

On tend actuellement à confectionner des vêtements de chasse en velveton. Il s'agit, en fait, d'un tissu en coton, auquel on a ajouté une petite quantité de polyester avant de lui faire subir une forme de grattage. Cette opération lui donne une consistance proche du velours (un aspect peau de pêche en surface). Le velveton est souvent utilisé pour la confection de pantalons de chasse, qui résistent alors assez bien à l'eau et aux saletés.

Pour certaines activités pouvant générer des accidents, les chasseurs sont tenus de porter des vêtements de protection. Par exemple lorsqu'ils se servent d'une tronçonneuse, pour construire un mirador par exemple : ils doivent alors porter, comme nous l'avons déjà évoqué, un pantalon anti-coupures, du type de ceux que portent les bûcherons. Mais cela ne suffit pas. Il leur faut aussi des brodequins ou des bottes de sécurité avec un embout et une semelle anti-coupures renforcés d'acier. Il va de soi que toutes les fois qu'ils utilisent une tronçonneuse, les chasseurs doivent aussi porter un casque muni d'une visière de protection et de coquilles anti-bruit. Il faudrait même porter cet équipement de protection lorsque nous élaguons des arbres et arbustes pour dégager la vue d'un mirador.

Des vêtements secs

À la chasse, on se mouille toujours de deux côtés : de l'extérieur lorsqu'il pleut ou qu'il neige, et de l'intérieur lorsqu'on transpire. Il s'avère qu'on se protège plus facilement de l'humidité venant de l'extérieur que de celle qui s'échappe des pores de notre peau. Oui, c'est un fait : nous transpirons davantage lorsque nous nous protégeons de l'eau et de l'humidité venant de l'extérieur. Cela s'applique à ces – très bonnes – vestes en coton huilé, du type Barbour. Elles sont imperméables et étonnamment résistantes. Mais dès lors qu'on les porte fermées et qu'il faut se mouvoir quelque peu, on en vient alors vite à transpirer. Elles sont idéales à l'affût, mais à la pirsch, surtout lorsqu'il faut grimper, elles ne conviennent pas.

Les chasseurs font partie des meilleurs clients des fabricants de toutes sortes de produits pharmaceutiques pour soigner les rhumatismes, la goutte, les lombalgies et bien d'autres infirmités. Beaucoup de chasseurs semblent affectionner particulièrement ce genre de traitement. D'abord, ils travaillent durement à l'extérieur, et une fois qu'ils ont bien transpiré, ils restent là sans rien faire ou vont à l'affût du soir. Leurs corps se voient alors chargés d'une intéressante mission : faire sécher de l'intérieur leurs vêtements mouillés. À la chasse au chamois, qui nécessite le plus souvent une ascension plus ou moins rude, tout chasseur un peu raisonnable dispose, dans son sac à dos, d'un pull, d'une chemise et d'un maillot de corps de rechange. Une fois son objectif atteint, et avant même de commencer à s'asseoir, il change de chemise et de sous-vêtements, puis enfile son pull par-dessus. En plaine, il n'y a guère de chasseurs qui pensent à faire la même chose. Et pourtant, il nous arrive souvent, là aussi, de transpirer tout autant qu'en haute montagne. De plus, il est bien plus facile de se changer dans ces conditions, car notre voiture se trouve alors souvent à proximité.

Les situations sont nombreuses, en tout cas, dans notre pratique quotidienne de la chasse, où il est sain et agréable de se changer pour mettre des vêtements secs. Qu'il suffise de penser aux divers travaux d'aménagement du territoire de chasse, comme la construction de miradors par exemple, ou au transport du gibier tiré. En un rien de temps, on est alors trempé de sueur.

Là aussi, il s'agit d'appliquer le principe des pelures d'oignon. Celui qui doit rester un long moment assis dehors, alors qu'il gèle ou que souffle un vent glacial, a tout intérêt à commencer par enfiler un col roulé en coton, qui lui protégera pour ainsi dire le cou. Ce n'est que par-dessus ce col roulé que l'on met alors une chemise de flanelle. Pour ce qui est des chemises d'hiver, il vaut mieux les acheter d'une taille supérieure à la taille habituelle, car il ne faut pas qu'elles collent au corps, mais qu'elles soient suffisamment amples pour former des poches d'air isolantes. Les chemises vertes taillées de façon moulante en coton fin sont, certes, élégantes, mais, pour ce qui est du confort et de la résistance, elles ne valent pas les chemises en flanelle.

> **À NOTER !**
> L'eau-de-vie ne permet pas de lutter contre le froid. En boire expose davantage le corps aux basses températures.

Des pattes ou des sabots ?

Par principe, nous ne devrions jamais lésiner sur le coût des chaussures. Celles-ci doivent être adaptées au contexte dans lequel nous les portons. Les grosses chaussures robustes conviennent aux terrains où nos pieds et nos chevilles nécessitent une protection et un maintien tout particuliers. Les chaussures basses ne sont pas adaptées à la marche en montagne, sur du terrain rocailleux et glissant. Il faut alors opter pour de robustes brodequins, disposant d'épaisses semelles. En plaine, en dehors des chemins, il est plus sûr de porter des chaussures montantes. En revanche, les chaussures que nous portons à la pirsch, lorsque nous ne chassons pas en montagne, devront être légères et confortables. En été, lorsque le temps est sec, il m'arrive, à moi aussi, d'aller à l'affût du soir en chaussures basses. Mais s'il faut, après être descendu du mirador, contrôler un anschuss dans une prairie couverte de rosée ou chercher un chevreuil blessé... je déchante.

Pour ma part, je porte des chaussures de chasse mi- hautes (25 cm) et légères, qu'a réalisées sur mesure le cordonnier de mon village. Elles dépassent la hauteur de mes chevilles, disposent d'une tige souple et évitent l'intrusion de petits cailloux et d'aiguilles de conifères. Les semelles sont cousues et non pas vulcanisées, ce qui permet de les remplacer sans problème lorsqu'elles sont usées. Les semelles de nos chaussures doivent bénéficier d'un épais profilage lorsqu'on chasse en forêt. Ne serait-ce que sur l'échelle d'un mirador, notre pied est alors beaucoup mieux maintenu qu'avec des semelles lisses. Il faut aussi que nos semelles disposent d'un vrai talon : il nous confère plus de stabilité sur les sols glaiseux, ainsi que sur les morceaux de bois mort et humide qui traînent par terre.

> **À NOTER !**
> Les chaussures basses se remplissent de déchets !

Qui est là ?

Au-delà des traces

Le chasseur actuel est informé par son portable de tout ce qui se passe sur son territoire de chasse. Depuis quelques années déjà, sur de nombreux territoires, des appareils-photos à infrarouge sont installés près des souilles, des pierres à sel, des cultures à gibier, des principales coulées et des places d'affouragement. Sans qu'aucun flash ne dérange le gibier, ils réalisent – même la nuit – d'excellentes photos et enregistrent même de la prise de vue. Les appareils de vision nocturne font partie de la panoplie du chasseur. À notre époque, où l'État espionne ses citoyens jusque dans les recoins de leurs ordinateurs et les surveille avec ses caméras sur les places publiques, il paraît opportun d'utiliser les mêmes moyens pour surveiller la faune sauvage. Tout cela est pratique. Il faudrait cependant se demander jusqu'où aller quant à cet accroissement de la technicité à la chasse. Difficile d'affirmer que la chasse est aussi ancienne que l'humanité d'une part et, de considérer comme une évidence que le gibier soit surveillé avec des moyens issus de la technologie la plus avancée d'autre part !

Une demi-douzaine de traces de chamois au même endroit : il ne peut pas s'agir de boucs !

> **À NOTER !**
> Il nous revient de choisir ce que nous voulons être : des chasseurs ou de simples « techniciens chargés de donner la mort » ?

Dissipons toute ambiguïté : les moyens techniques que nous utilisons aujourd'hui ne sont pas sans intérêt. On peut même dire que leur utilisation permet de protéger les animaux. On peut considérer qu'un télémètre intégré à notre système de visée peut nous éviter de tirer involontairement trop loin et ainsi de blesser – et faire souffrir – l'animal convoité. Hélas, la conséquence n'est pas *moins* de souffrance, mais *plus* de souffrance, car, au lieu de tirer trop loin sans le savoir, nous le faisons maintenant *délibérément*. Nous considérons en effet que, grâce au télémètre électronique et à nos tables de performance balistique, nous avons bien « les choses en main »...

Ouvrons les yeux !

Les animaux sauvages nous confirment leur présence par les indices qu'ils laissent derrière eux. Ils le font avec leurs organes de locomotion (sabots, pattes) et de digestion (crottes, laissées, fientes, pelotes de réjection), par des traces d'alimentation (morceaux de plantes arrachés mais non consommés, plantes abrouties, arbres écorcés), par des traces de divers comportements (souilles, bains de sable, frottis au goudron végétal des arbres, cassures de branches, frottis et régalis territoriaux, etc.). Parfois, ils abandonnent poils, plumes, mues... Autant d'indices de la présence d'animaux sauvages, ou de leur comportement.

Beaucoup de ces indices nous échappent car nos yeux ne les perçoivent pas. Notre chien perçoit beaucoup plus de choses... avec son nez. Il faut lui laisser une certaine liberté pour nous les communiquer. Un chien qui, à notre retour de chasse, nous attend dans le coffre de la voiture, est un prisonnier condamné à l'inactivité. Et s'il doit marcher correctement au pied (le nez

Les blaireaux retournent assez superficiellement les prairies pour y trouver des larves et des insectes. Les dégâts qui en résultent rappellent ceux des sangliers.

à hauteur de notre genou gauche), sans jamais être autorisé à quitter le chemin pour parcourir quelques mètres à droite ou à gauche, s'il ne dispose pas du temps nécessaire pour renifler abondamment un indice potentiel, il ne pourra pas non plus nous montrer quoi que ce soit.

Notre chien nous montrera d'autant plus de choses que notre contact avec lui sera étroit et que nous le laisserons librement travailler. Cela ne signifie pas que le chien doit pouvoir faire ce qu'il veut. On trouve assez de situations où il doit marcher au pied. Mais comment notre chien peut-il par exemple nous montrer une charogne ou tout autre animal mort, si nous le promenons uniquement en laisse et si, à chaque fois qu'il s'arrête et lève le nez, nous le tirons énergiquement vers nous en le réprimandant d'un « Non ! Laisse le chevreuil tranquille ! », un ordre qu'il perçoit forcément comme une frustration ? Notre chien ne nous montre pas que des charognes. Il nous fait découvrir les plumes d'un oiseau pris par un rapace, les restes d'un lièvre pris par un renard, les poils qu'a perdus un ongulé, les restes d'un grand gibier éviscéré, des fumées, laissées ou moquettes, des pelotes de réjection, des mues de cervidés et bien d'autres choses susceptibles de nous fournir de précieuses informations. Avec nos seuls yeux nous ne trouvons, hélas, que très peu de choses. D'autant moins que nous nous déplaçons en voiture…

> **À NOTER !**
> Un chien de chasse qu'on laisse dans la voiture au lieu de l'emmener sur le terrain est privé de sa raison d'être essentielle : accompagner son maître pour l'aider à chercher, trouver et s'approprier le gibier qu'il convoite.

Des trouvailles au sol

Au sol, il n'y a pas que des traces. À condition d'être très attentifs, nous pouvons trouver de petits régalis de brocards, au bord d'un champ ou au milieu d'une prairie de fauche. Les brocards frottent leurs bois contre des douglas ou des sureaux,

Lorsque l'autour des palombes se tient sur sa proie et la plume, il se tourne en rond sur lui-même. Il en résulte l'image ci-contre.

Les lièvres, surtout ceux des forêts, aiment utiliser leurs gîtes à plusieurs reprises. Celui qui a le gîte, aura assez vite son lièvre !

Les brocards effectuent d'autant plus intensivement des frottis et des régalis que la densité de chevreuils est importante. Sur certains territoires de chasse, on ne trouve que rarement ces marquages territoriaux, même si la présence de brocards y est incontestable.

et parfois aussi sur une tige de lupin ou d'angélique sauvage, sur une belladone ou une digitale. C'est justement sur ces espèces non ligneuses que les traces de frottis passent inaperçues : ces plantes tendres offrent peu de résistance aux bois de notre petit cervidé et, selon la façon dont celui-ci les attaque, elles se cassent ou sont simplement poussées de côté.

La chasse aux indices

Nous nous faisons souvent des illusions quant au nombre de traces de frottis qu'un brocard laisse derrière lui. Ces traces ne sont visibles que s'il y a beaucoup de brocards sur le territoire. Lorsque la densité de chevreuils a été réduite – ce qui ne correspond pas forcément à la rareté de l'espèce –, le nombre de traces de frottis diminue de façon beaucoup plus importante que le nombre de brocards. Il faut alors se mettre à la recherche de ces derniers. Lorsque la densité de chevreuils est importante, les brocards sont tenus, à chaque pas, de répondre à leurs congénères par des frottis et des régalis. Lorsque la densité est conforme à la biologie de l'espèce – et non à la chasse ! – ils ne sont pas tenus de le faire.

Les vols-ce-l'est (traces de pas du gibier) se distinguent mieux là où les animaux appuient plus sur les ongles de leurs sabots. C'est le cas sur les talus, ou bien sur le bord des fossés. On distingue plus facilement ces traces aux endroits démunis de toute végétation ou faiblement végétalisés qu'aux places recouvertes d'une épaisse couche d'herbe. Pour déterminer quel animal traverse régulièrement un chemin au même endroit pour confirmer qu'une coulée est bien fréquentée, nous pouvons barrer cet endroit à l'aide de deux ou trois longues tiges d'herbe sèche disposées à différentes hauteurs. Si seule la tige du bas est tombée au sol, c'est qu'un petit gibier (renard, blaireau ou lièvre) a emprunté la coulée. Si la tige du haut a, en plus, été déplacée, il s'agit d'un grand gibier (d'une taille correspondante).

En été, le sol est souvent dur comme du bois : même les grands – et lourds – cerfs, dans les semaines qui précèdent le brame, ne laissent derrière eux aucun vol-ce-l'est et, sur les coulées régulièrement empruntées par les hardes de biches, aucune trace particulière ne peut être identifiée. Nous pourrons alors tirer un fil de coton à une hauteur d'environ 1,60 mètre au travers de la coulée. Pour lui éviter de pendre par terre ou d'être arraché par le vent, nous le lesterons à chaque extrémité par une pomme de pin, un bout de branche ou quelque chose de semblable. Si la coulée est empruntée par des cerfs, ceux-ci abaisseront le fil au moyen de leurs bois.

Nous ferons participer notre chien (si tant est que nous en avons un). Il nous montrera très précisément, avec son nez, les endroits d'où émane quelque odeur intéressante : en haut ou seulement en bas ? Il nous indiquera les traces et les poils accrochés aux branches après le passage du gibier. Pour notre part, il suffira que nous nous y intéressions.

Seul le chien auquel nous laissons un peu de liberté au cours de nos circuits de pirsch est en mesure de nous montrer les nouveautés de notre territoire de chasse.

Les doigts antérieurs du pied des tétraonidés sont bordés de « peignes » cornés qui facilitent la marche sur la neige et la prise sur les branches. Il en résulte des traces qui paraissent étonnamment larges.

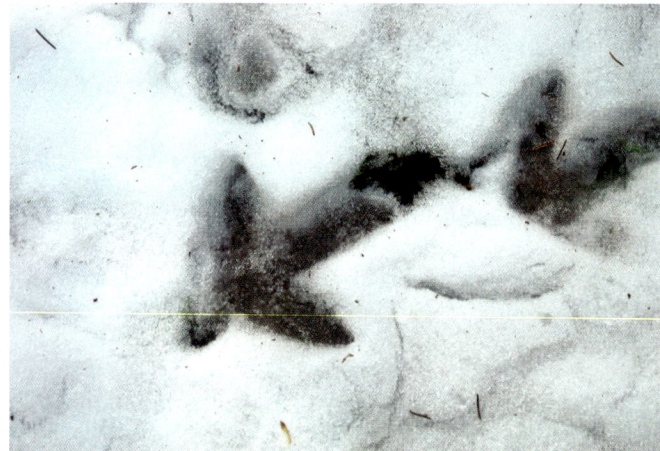

À NOTER !
Ne pas lire dans le marc de café, mais enregistrer des choses simples !

Nous distinguerons si un vol-ce-l'est est frais ou déjà plus ancien au fait que la terre, à l'intérieur du vol-ce-l'est, est encore un peu humide par rapport à celle des alentours. La terre remuée par la découpe de la trace referme à nouveau ses pores. Plus un vol-ce-l'est est vieux, plus ses contours deviennent flous. C'est par temps de neige que nous constatons le plus facilement ce développement. À ce moment-là, de simples traces de chevreuil peuvent, avec le temps, prendre le format de traces de cerf.

Je considère comme illusoire de vouloir distinguer les traces de brocard des traces de chevrette. La forme est la même chez les deux, et la comparaison des tailles des traces est irrelevante. Il y a, dans les deux sexes, des chevreuils plus ou moins grands ou petits. Comme, sur beaucoup de territoires de chasse, les chevrettes vieillissent davantage que les brocards, il n'est pas rare qu'elles soient même plus grandes que ces derniers. Une différence de poids corporel de deux, voire de trois kilos ne s'avèrent pas non plus signifiants quand bien même on distinguerait une telle différence au vu de la longueur et de la largeur des traces sabots.

L'âge du cerf

Quoiqu'en disent de nombreux spécialistes, l'âge d'un cerf mâle ne se laisse entrevoir ni à la taille de son vol-ce-l'est, ni, concernant ses allures, à la largeur de sa voie. Après tout, un cerf de 8e tête peut être aussi grand et aussi large qu'un cerf âgé de dix ans. Quant aux femelles, le poids d'une biche de dix ans peut se révéler inférieur à celui d'une biche âgée de quatre ans ! Des branches cassées nous indiquent qu'un cerf, pas forcément petit, était à l'œuvre à cet endroit-là, mais elles ne nous apprennent rien sur l'âge de l'animal concerné.

Fumées, laissées, fientes et pelotes de réjection

Des générations de chasseurs ont été tenues d'apprendre que le sexe d'un grand cervidé pouvait se distinguer à la forme de ses déjections. On prétendait que les fumées du cerf mâle se reconnaissaient à leurs extrémités en creux d'un côté et en aiguillon de l'autre – caractéristiques qui n'existeraient pas dans les déjections des femelles. Si tel était le cas, l'appareil digestif de l'espèce cerf devrait être différent selon le sexe des animaux ! Cela n'est évidemment pas le cas. Les biches produisent, elles aussi, des fumées comprenant un aiguillon à une extrémité et un creux à l'autre.

Nous sommes en mesure de bien différencier les déjections des faons de celles des animaux adultes. Cela s'avère déjà utile. D'ailleurs, les fumées des très grands cerfs – si l'on se réfère à leur poids – se distinguent aussi de celles des biches, sans que l'on ait besoin d'y percevoir quelque pointe ou excavation.

L'ésotérisme des déjections

Nous devrions tenter de déterminer de quand date une déjection. Est-elle fraîche ou déjà desséchée en surface et encore humide à l'intérieur ? Ou est-elle déjà sèche aussi à l'intérieur ? Les déjections que nous trouvons sur une prairie datent-elles du même moment ou pas ?

Les 72 indices de reconnaissance du cerf hantent toujours l'esprit de nombreux chasseurs. Cette longue liste d'indices – que tout chasseur de cerf se devait autrefois de connaître – était censée permettre de déterminer l'âge, le sexe et la corpulence du cerf convoité. Oublions cela ! Cette vieille corporation de chasseurs, autrefois si respectée, vivait à une époque où on croyait encore au diable, aux sorcières et à toutes sortes de personnages maléfiques. Mais ces chasseurs étaient incapables de regarder dans l'anus des cervidés ! Nous en apprendrons bien davantage si, dans l'observation des crottes et des traces, nous nous posons quelques questions très simples. Que notre société dite civilisée soit à nouveau, par pure paresse intellectuelle, en train de déterrer d'antiques sortilèges ne devrait pas nous induire en erreur.

Qu'est-ce qu'on trouve dedans ?

L'observation et l'analyse des déjections du gibier est une activité intéressante, qui devrait nous inciter à remettre en question certaines idées préconçues ou autres vérités bien établies. Ce qui m'intéresse, c'est de savoir ce que les renards de mon territoire de chasse ont dans l'estomac et de quoi vivent les fouines.

Les fumées de cerf sont soit petites (en grains), soit en paquets (en bousard). Leurs extrémités, qui peuvent présenter un creux d'un côté et un aiguillon de l'autre, ne permettent pas de différencier les sexes.

Les laissées de sanglier se présentent souvent en forme de saucisse, ce qui permet de les distinguer assez facilement.

Selon le type de nourriture consommée et son état de digestion, les fientes de chamois se présentent soit en grappes comprimées soit en grains. On pourrait presque les confondre parfois avec les moquettes de chevreuil.

Les crottes ne permettent pas de distinguer le lièvre variable du lièvre d'Europe.

Le chasseur ne rencontre que rarement un blaireau. Les terriers que l'on repère souvent ne suffisent pas à signaler sa présence.

Cette fiente de grand tétras a été trouvée à la fonte des neiges. Contrairement à ce que l'on dit parfois, la partie blanchâtre n'a aucun rapport avec la période du chant.

Les fientes de faisan sont souvent quelque peu vrillées.

Les laissées de renard sont souvent disposées à un endroit un peu élevé. Ici, on distingue nettement les poils d'une souris que le renard a consommée.

Ce qui m'intéresse aussi, c'est le contenu de la panse des ongulés herbivores que je tire. Les restes de plantes que je découvre alors m'en apprennent bien davantage sur le comportement du gibier sur mon territoire de chasse – et m'incitent à adopter bien plus de recettes utiles pour la pratique de la chasse – que d'interminables discussions de bistrot !

Les fientes et les pelotes de réjection auraient plutôt, du point de vue de la chasse pratique, un peu moins d'importance. Il est évident, cependant, que le chasseur aurait tout intérêt à savoir attribuer aux principales espèces de rapaces, les pelotes de réjection qu'il trouve.

Cochonneries

La présence de sangliers nous est notamment signalée aux abords des souilles et sur le tronc de certains arbres. Les souilles se trouvent souvent au milieu des remises du gibier, c'est-à-dire aux endroits que nous ne voulons ni traverser, ni déranger. Les souilles plus exposées s'avèrent souvent inutilisées pendant des semaines et ce, bien que les sangliers soient là. Aussi longtemps que ceux-ci restent en forêt, cela ne pose, à vrai dire, aucun problème. S'ils se déplacent en plaine, nous pourrons examiner les traces de leurs pieds et formuler des hypothèses de rencontres lors de la prochaine pleine lune. Nous pourrons toujours compter sur la venue de quelque sanglier mâle – jeune ou vieux –, même si nous ne trouvons pas de vol-ce-l'est de mâle. Ce qui nous intéresse avant tout, c'est de savoir si une laie suitée vient en plaine ou à la place d'agrainage. Des traces de pied de tailles très différentes en sont le signe. Il se pourrait aussi que seuls trois ou quatre traces d'animaux de petite corpulence et d'un poids sensiblement égal se dirigent vers la plaine. Peut-être s'agit-il alors de bêtes rousses qui ont perdu leur mère, ou bien de bêtes de compagnie ?

Le vol-ce-l'est d'un gros sanglier fait battre plus fort notre cœur de chasseur. Nous ne sommes jamais en mesure de dire s'il s'agit d'une trace d'un sanglier mâle ou de celle d'une laie. Il n'y a pas, pour cette espèce, de critères de différenciation des traces suffisamment marquants et fiables. On a tendance à attribuer un vol-ce-l'est isolé et de grande taille à un gros sanglier mâle (dit « solitaire »). Or il peut provenir d'une laie, qui s'est déjà isolée pour mettre bas, ou qui a laissé pour quelques instants ses marcassins nouveau-nés dans leur chaudron. Ce qui, aujourd'hui, peut arriver quasiment toute l'année.

> **À NOTER !**
>
> Certaines laies suitées n'auraient pas été tirées si nous avions préalablement parcouru notre territoire de chasse à pied, en compagnie de notre chien.

L'âge d'un sanglier mâle adulte ne peut être estimé ni à partir de son vol-ce-l'est, ni à la hauteur de la branche sur laquelle il a laissé un peu de sa salive. En effet, chez le sanglier, l'âge, le poids et la taille corporelle n'entretiennent aucune relation directe. Un vieux sanglier n'est pas forcément grand !

> **À NOTER !**
> « Un tiers-an » (sanglier mâle âgé de 3 ans) peut peser 65 ou 95 kg vidé : son poids ne nous renseigne guère sur son âge. Son vol-ce-l'est, les traces de boue ou de salive qu'il laisse sur les arbres ne le déterminent pas davantage.

Des sangliers conformes aux normes européennes ?

Les chasseurs aiment bien enduire de goudron végétal les arbres contre lesquels les sangliers viennent – ou devraient venir – se frotter. Ils espèrent ainsi fixer les sangliers sur leur territoire de chasse. Il est vrai que les sangliers apprécient cette odeur de goudron végétal, mais ils ne fréquentent pas tel ou tel secteur ou territoire de chasse parce qu'ils y trouvent des arbres sentant le goudron. S'ils restent sur un territoire déterminé c'est parce qu'ils y trouvent nourriture *et* tranquillité. Les chasseurs croient aussi pouvoir distinguer la taille d'un sanglier à la hauteur à laquelle l'animal s'est frotté à un arbre en y laissant des traces de boue. Dans leurs rêves ! Pour se frotter aux arbres, les sangliers se placent souvent sur un terrain en pente, ce qui les amène forcément à abaisser un peu leur ligne de dos. D'autres se frottent moins intensivement et montent ainsi à la verticale, ce qui, à corpulence égale, les amène à laisser des traces de boue plus haut. Nous sommes dans l'impossibilité de savoir si ces traces de boue proviennent d'un sanglier mâle ou d'une laie, ni s'il s'agit d'un jeune sanglier ou d'un vieux. Les souilles et les arbres enduits de goudron végétal nous permettent juste de constater que des sangliers sont – ou étaient – présents sur notre territoire de chasse. Ni plus ni moins. La hauteur à laquelle un sanglier mâle en rut a laissé derrière lui des traces de salive ne nous permet pas de déterminer son âge.

Il n'y a plus de chevreuils

« Nous n'avons plus de chevreuils ! » C'est ce que l'on entend de façon récurrente aujourd'hui, et souvent même là où les dégâts d'abroutissement sont plus importants qu'ailleurs. En fait, plutôt que de se plaindre du prétendu manque de chevreuils, le chasseur devrait commencer par chercher méticuleusement d'éventuels indices de présence de chevreuils. Quand il effectue de telles recherches, celles-ci portent le plus souvent sur des traces de pied, des frottis et des régalis. Mais ces deux derniers types d'indices ne se trouvent que pendant une certaine période de l'année. Quant aux traces de pied, elles diminuent aussi avec la multiplication des remises (fourrés) et des surfaces de gagnage, suite à une violente tempête par exemple. De plus, en fonction des conditions du sol et du climat, il est parfois difficile de distinguer le moindre vol-ce-l'est de chevreuil.

Observer la végétation

Lorsque le chasseur porte son regard sur la végétation, il n'a, dans la plupart des cas, guère à chercher longtemps. À la fin de l'hiver, ce sont les gros bourgeons de sureau qu'apprécient tout particulièrement les chevreuils. En été et en automne, ce sont plutôt les mûres, la prénanthe pourpre, l'épilobe en épi (ou « laurier de saint Antoine ») qui les attirent, ainsi qu'un grand nombre d'autres plantes herbacées. Il ne faut donc pas absolument se focaliser sur les essences intéressantes au plan sylvicole et ne prendre que ces dernières comme critère de mesure de la densité de chevreuils.

Pour ce qui est du choix d'une place d'affût, l'on aura intérêt à s'orienter vers les zones à fort abroutissement, qu'il s'agisse ou non de plantes intéressantes au plan sylvicole, non seulement pour y limiter les dégâts, mais aussi parce que nous ne pouvons voir et tirer des chevreuils que là où ils se trouvent effectivement. Cela ne signifie en rien que nous chassons *uniquement* dans les secteurs sensibles aux dégâts. La plupart des chasseurs de grand gibier ne tirent que deux ou trois brocards adultes par an soit pas grand-chose en matière de dégâts. Si nous réalisons essentiellement notre plan de chasse là où la régénération forestière pâtit de l'abroutissement des ongulés, alors cela signifie aussi qu'à d'autres endroits de notre territoire de chasse, il règne, au même moment, une relative tranquillité.

À NOTER !
Les joggeurs ou les joggeuses n'abroutissent pas la végétation !

Lorsque le sol est sec, il est plus difficile de voir des traces de pied. Mais lorsque l'on regarde attentivement autour de soi, on découvre les endroits où les ongulés ruminants se tiennent régulièrement. Comme ici, près d'un sorbier, un arbuste que les animaux aiment tout particulièrement abroutir.

Si tel n'est pas le cas, cela tient, au moins en partie, au fait que beaucoup de nos territoires ont été découpés, par leurs propriétaires, en plusieurs petits lots de chasse. Ainsi beaucoup de locataires de chasse n'ont-ils même plus la possibilité de mettre en « réserve » une partie de leur – trop petit – territoire.

L'abroutissement, un indice bien intéressant

Naturellement, les chevreuils ne sont pas les seuls à abroutir la végétation. D'autres espèces qui intéressent tout autant les chasseurs, le font aussi. Tout chasseur en forêt se réjouit de tirer un lièvre pour agrémenter les fêtes de fin d'année. Il est vrai qu'en été, on voit suffisamment de lièvres. Mais dès que leur chasse est ouverte, ils semblent tous avoir déménagé. Heureusement que les lièvres abroutissent, eux aussi, la végétation !

Il existe peut-être, sur votre territoire de chasse, une parcelle où des hêtres ont été plantés l'année précédente. Les quelques rares lièvres de votre forêt y ont certainement passé beaucoup de leur temps. Peut-être bénéficiez-vous de la neige ou, au moins, de givre ? Alors vous pouvez voir très précisément « comment va le lièvre ». Il n'est pas besoin, pour l'instant, d'installer une échelle d'affût. Vous disposez, en effet, de votre siège de battue. Il vous suffit de recourir à deux ou trois branches mortes et à un bout de filet de camouflage. Ou bien, s'il y a de la neige, d'enfiler votre cape blanche. C'est suffisant ! Vous finirez bien par amener à la maison ce qui s'appelle parfois un… lièvre de Noël.

Le comportement du gibier

Des manœuvres de diversion

Les animaux sauvages aussi peuvent jouer la comédie. Connaître leurs scénarios peut s'avérer très utile pour le chasseur. Tout le monde connaît ce comportement d'un oiseau qui fait mine de ne plus pouvoir voler pour éloigner un prédateur de son nid ou de ses petits. Même les poules faisanes et les perdrix font cela parfois.

Lorsqu'elles ont leur faon à proximité, les chevrettes s'enfuient le plus souvent en hésitant. Elles marquent un arrêt avant de s'enfoncer dans la forêt et regardent en arrière. Il est très utile de savoir cela lorsqu'on veut effectuer un marquage de faons. Souvent l'herbe est encore couverte de rosée, ce qui permet de bien voir la trace de la chevrette. Il suffit parfois de la suivre alors vers l'arrière pour découvrir le faon. En tout cas, l'on sait à peu près où se trouve le faon et l'on peut alors, l'après-midi ou le soir, attendre le retour de la chevrette. Cela s'avère utile aussi pour ceux qui veulent sauver des faons en parcourant les prairies avant la fauche.

« Suis-moi ! »

Des biches peuvent adopter un comportement identique lorsque, suivies de leur faon, elles n'ont pas encore rejoint la harde. Elles ne s'enfuient pas : elles créent d'abord une certaine distance entre elles et le faon couché puis s'immobilisent et poussent un cri d'effroi. Elles cherchent ainsi à attirer l'attention vers elles. Lorsque, en mai ou juin, nous rencontrons en forêt une biche isolée, et que celle-ci nous observe attentivement jusqu'à ce que nous arrivions très près d'elle, et là seulement, s'enfuit de façon hésitante, les chances sont grandes que son faon soit couché non loin de là.

Lorsque, en avril ou en mai, nous arrivons à proximité d'un terrier et que, tout près de là, un renard se met à aboyer, alors il est

La renarde, qui se tient à l'entrée du terrier avec ses renardeaux, s'enfuit dès qu'elle s'aperçoit de notre présence. Non pas dans le terrier, mais le plus souvent en s'en éloignant.

presque sûr qu'il s'agit d'une renarde revenant de sa tournée de chasse : ses renardeaux sont dans le terrier et elle cherche à nous en éloigner. En même temps, elle signale notre – dangereuse – présence à ses petits.

Les hases connaissent, elles aussi, ces manœuvres de diversion. Elles font croire aux renards qu'elles pourraient elles-mêmes constituer une belle proie pour eux, afin de les éloigner des levrauts. Naturellement, sans effet de surprise, le renard n'a guère de chance de rattraper un lièvre en bonne santé qui a cinq mètres d'avance sur lui.

Une retraite en bon ordre

En battue : la voix des chiens se rapproche et, subitement, un sanglier traverse, à fond de train, le chemin forestier. Pour juger la bête noire, il nous reste à peine trois secondes !

C'est mission impossible ! Certes nos yeux et notre cerveau sont capables de percevoir l'essentiel : l'animal est noir, pas vraiment grand, pas vraiment petit, c'est… un sanglier mâle ou une laie ! Mais nous ne voulons ni tirer un jeune mâle, ni une laie, donc… À peine avons-nous fini d'y penser, que surgit déjà le sanglier suivant, et un autre, et encore un autre… Ils sont tous bruns-roux et plus petits que le premier animal. Il s'agit donc de bêtes rousses. Dommage !

À l'exception des vieux mâles, les sangliers sont des animaux grégaires : ils s'enfuient si possible ensemble et sous la conduite d'une bête de tête. Mais il arrive qu'en battue, des compagnies soient éclatées. Là aussi, cependant, les marcassins et les bêtes rousses se collent à leur mère, ne serait-ce que parce qu'ils cherchent, près d'elle, à se protéger des chiens. Si, dans une compagnie, se trouvent plusieurs laies avec leurs petits, il se peut qu'en cas d'attaque – qu'il s'agisse de chiens ou de loups – une seule laie se charge d'éloigner l'ensemble des marcassins et bêtes rousses, pendant que les autres laies entreprennent la défense contre l'ennemi.

L'espèce cerf se conforme, elle aussi, à des structures grégaires. Et comme les faons de cerf sont des enfants uniques, ils sont particulièrement et durablement attachés à leur mère. Les faons se collent littéralement à leurs mères. En cas de danger, la biche meneuse donne l'ordre de la fuite et indique la direction à prendre. Ce qui est sûr alors, c'est que le faon de cette biche meneuse suivra sa mère et se collera à elle. Il se peut, si la harde est importante, que, derrière la biche meneuse et son faon, s'installe brièvement un certain désordre et qu'un autre

SANGLIER : qui arrive ? Quand ? Et qui se tient où ?

Sangliers en battue :
- D'abord la laie et, derrière elle, le plus souvent en file indienne, les marcassins ou bêtes rousses.

Sangliers la nuit, en plaine :
- La laie arrive en premier. S'il s'agit d'une grande compagnie, la plupart du temps les petits se mélangent, parfois restent un peu en retrait.
- Les bêtes de compagnie viennent le plus souvent à deux ou trois.
- Les vieux mâles viennent tout seuls, se tiennent souvent un peu à l'écart de la compagnie, mais peuvent aussi, au milieu de celle-ci, prendre de la nourriture. Dans ce cas, les autres sangliers restent à une certaine distance.

Sangliers adultes isolés :
- Il peut s'agir de laies gestantes, prêtes à mettre-bas, ou qui ont encore leurs marcassins au chaudron. Tant que nous n'avons pas nettement distingué le pénis, considérons chacun des sangliers comme une laie !

Plusieurs sangliers, tous assez petits :
- En cas de deux, trois, à la rigueur quatre sangliers de même corpulence, qui ne sont plus ni rayés ni roux (ce qui est difficile à distinguer la nuit !), il peut s'agir de bêtes de compagnie mâles qui vivent encore ensemble.
- Dans les autres cas, il s'agit très certainement de bêtes rousses orphelines.

ESPÈCE CERF : quel est le rang des animaux dans la harde ? À quoi faut-il être attentif ?

Harde de biches et de faons se déplaçant ou arrivant en confiance :
- La biche meneuse arrive la première. Elle peut rester un certain temps seule à découvert, aux aguets, pendant que son faon se tient derrière elle, encore à couvert. Aussi ne faudrait-il jamais tirer de biches seules, en dehors des battues.

Harde de biches et de faons au gagnage :
- L'espèce cerf mange en général sur une même ligne – en « tirailleur » ou en « escadrille ». Les faons se mélangent au sein de la harde et ne peuvent plus être attribués à telle ou telle biche. Comme la harde peut comprendre aussi l'une ou l'autre biche non suitée, il faut commencer par relever les femelles qui sont suitées d'un faon avant de se résoudre à tirer.
- Les daguets et bichettes se répartissent dans la harde. Ils sont faciles à reconnaître.
- Il faut éviter de tirer dans la harde. On tirera de préférence un animal se tenant à l'écart ou en limite de la harde.

Daguets et bichettes au début de l'été :
- Les daguets de première tête et les bichettes se déplacent avec la harde. Lorsque les biches gestantes se retirent pour mettre bas ou que leurs faons sont encore déposés à l'écart, les daguets de première tête se déplacent seuls ou à deux, ou se tiennent avec le reste de la harde. Le premier coup de feu dirigé vers eux, s'ils se tiennent avec la harde ou à proximité, brise la confiance qui s'était établie au cours de la période de fermeture.

Trio matriarcal en automne :
- Souvent, les hardes de biches et de faons ne comprennent plus que trois individus : la biche, le faon, la bichette ou le daguet. Chez l'espèce cerf, le sentiment de sécurité s'accroît en fonction du nombre d'animaux composant une harde. Si les trios matriarcaux sont de règle, il faut se demander pourquoi c'est le cas. Dans de tels groupes, les biches suitées réagissent souvent de façon extrêmement sensible au tir de leur faon. Il arrive qu'on ne les voit plus pendant des mois, voire des années (cela a pu être observé sur des biches marquées). L'inquiétude se transmet aussi à d'autres animaux, qu'il est alors plus difficile de voir.
- La relation entre la biche et la bichette ou le daguet n'est plus aussi étroite qu'auparavant. Le tir d'une bichette ou d'un daguet touchera de façon moins sensible la biche concernée !

Cerfs coiffés en été :
- On s'imagine souvent qu'en été, une fois qu'ils ont débarrassé leurs bois de leur velours, les cerfs coiffés envoient en éclaireur leur plus jeune « écuyer », en première position de la harde de mâles, alors que le cerf le plus âgé arrive en dernier. Cela n'est pas exact. Les relations entre les cerfs mâles restent assez souples malgré une hiérarchie bien définie. Les cerfs encore jeunes ont tendance à être plus insouciants et agités. Dans les jours qui précèdent le brame, les hardes de mâles se défont de toute façon et les vieux cerfs sont les premiers à suivre leur propre chemin. Lorsque le chasseur s'apprête à tirer un cerf en été, il ne doit pas se baser sur le « numéro du wagon ». C'est souvent le cas au mois d'août : la harde de mâles attend à l'intérieur de la forêt que le premier cerf s'engage à découvert. Il s'agit souvent d'un de ces jeunes cerfs encore rongés par l'impatience.

Le premier animal qui apparaît est une laie. Les marcassins ou bêtes rousses arrivent toujours derrière elle.

faon traverse un chemin ou passer près d'un chasseur posté, tout en précédant sa mère. Les biches et les bichettes sont assez faciles à différencier. Celui qui rencontrerait des problèmes à ce niveau-là aura intérêt à se limiter au tir des faons.

En tout cas, il faudrait vraiment s'abstenir de tirer le premier faon apparaissant à l'arrivée d'une harde – le faon de la biche meneuse –, car cela ferait perdre à sa mère son statut de biche meneuse.

Toujours se tenir sur nos gardes

Chez les chevreuils, tout est différent. Ce sont des solitaires et leur stratégie de fuite n'a rien à vois avec celle des animaux vivant en hardes. Si lien il y a, c'est uniquement entre la chevrette et ses faons ou chevrillards. Mais ce lien n'est pas assez étroit pour amener les faons ou chevrillards à s'enfuir avec leur mère en cas de danger. Ils ne le font que si un danger est perçu très tôt. Mais dans ce cas, ils ne s'enfuient pas à proprement parler, mais tendent plutôt à se tapir. S'ils sont surpris, ils préfèrent s'enfuir dans des directions différentes. Ce faisant, ils trompent leur ennemi et prennent de l'avance sur lui. La chevrette qui arrive seule à notre poste de battue peut donc très bien être suitée. Le chevrillard qui vient vers nous, tout seul, n'est pas forcément un orphelin. Il arrive souvent, dans de telles situations,

À NOTER !

C'est généralement dès l'ouverture de la chasse, lorsqu'on s'efforce de tirer des faons de chevreuil, que l'on tire le moins de chevrettes suitées !

que des chevrillards femelles, bien développés corporellement, soient confondus avec des jeunes chevrettes d'un an ou avec des chevrettes adultes de faible corpulence. Les artistes du jugement de l'âge du grand gibier ne manqueront pas de protester... Mais notre expérience personnelle nous a appris que de nombreux chasseurs ont des problèmes en automne pour juger de l'âge des chevreuils femelles. Différencier avec certitude, avant le tir, une chevrette adulte d'une chevrette d'un an relève de la mission impossible. Sans vouloir offenser personne, il se trouve que j'ai moi-même servi de guide de chasse à d'éminentes personnalités : certaines d'entre elles, outre le fait qu'elles confondaient des biches adultes avec des chevrettes, croyaient encore être en mesure de définir l'âge approximatif de ces dernières !

En automne, et surtout en battue, il se peut qu'une chevrette suitée vienne toute seule.

Les chevreuils sont des maîtres dans l'art du camouflage : ils nous découvrent bien avant que nous les apercevions.

Suitées ou non ?

C'est en automne que nous sommes à nouveau amenés à douter. Une chevrette se tient sur une limite de parcelle et mange. Est-elle suitée ou non ? Nous ne le savons pas. Ses faons peuvent en effet traînasser encore un peu dans le peuplement tout en suivant leur mère. Cela peut bien durer une demi-heure, voire plus lorsque l'obscurité se fait attendre. Mais lorsque la chevrette mange tranquillement et que, sans être apparemment dérangée, elle jette régulièrement un regard en arrière, dans la direction d'où elle est venue, elle le fait probablement à cause des faons qui se trouvent à cet endroit. Il faut réapprendre à regarder et à observer avec attention pour percevoir comment un chevreuil se comporte dans telle ou telle situation. Pour beaucoup de chasseurs, la perception du chevreuil se résume à mettre leur arme en joue lorsqu'ils se trouvent à distance de tir. Sur les territoires de chasse en forêt surtout, c'est au moment de l'éviscération des chevreuils et dans la chambre froide qu'on les observe ! Mais celui qui veut, dans la durée, chasser avec succès, doit se donner la chance d'assimiler le comportement des chevreuils vivants !

Lorsque la chevrette ne cesse de lever la tête parce que ses faons ne la suivent pas, son attitude est différente de celle qu'elle adopte lorsqu'elle perçoit l'un ou l'autre bruit ou mouvement dans le peuplement forestier sans identifier sa cause. Dans ce second cas, elle se dirigera au « pas de l'oie » en direction de ce dérangement, ou bien elle marchera sur quelques mètres parallèlement à la lisière du peuplement.

En été, c'est le jeune brocard qui se précipite pour manger et qui lève et relève la tête pour regarder timidement derrière lui. Le jugeant sur son âge, nous le prenons pour un de ces vieux brocards qui hantent notre territoire de chasse. En un rien de temps, nous lui envoyons une balle... et, du creux de la forêt, nous parviennent les félicitations du brocard plus âgé : bäh, bäh, bäh !

Vieux brocards...

De par ma profession, je suis amené à visiter beaucoup d'expositions de trophées et, presque partout, je constate la même chose : les trophées exposés ne sont presque que des trophées de – vraisemblablement – jeunes brocards. Et partout l'on se plaint qu'il n'y a plus de vieux brocards. D'un ton larmoyant, on évoque le bon vieux temps où – grâce à la répartition du plan de chasse en classes d'âge – il existait encore réellement des vieux brocards. Il se trouve qu'à cette même époque, j'ai eu l'occasion de visiter un grand nombre d'autres expositions

- Points noirs = miradors
- Points noirs avec tache blanche = miradors où tel ou tel brocard a été aperçu, et entretemps tiré.

Les brocards acquièrent généralement à l'âge de deux ans leur propre lieu de séjour estival. Ils le défendent contre leurs congénères et le gardent durant toute leur vie. Mais celui qui tire un vieux brocard ne peut pas s'attendre à tirer à nouveau un vieux brocard au même endroit l'année suivante.

de trophées, dont certaines à l'étranger. Mais parmi les vrais grands brocards que j'ai pu y voir, il s'est avéré, après un examen attentif, que la plupart d'entre eux étaient relativement jeunes. En fait, la commission du jugement des trophées les vieillissait toujours un peu…

En réalité, la question est relativement simple dès lors que l'on s'intéresse au comportement des chevreuils. En règle générale, les brocards obtiennent, à la fin de leur deuxième année de vie ou au début de leur troisième année, leur propre zone de résidence estivale, un territoire qu'ils défendent à partir de la période de la chute du velours jusqu'à celle du plein rut. Jusqu'à leur mort, ils y tiennent comme à la prunelle de leurs yeux et ils défendent ce secteur contre leurs congénères mâles adultes. Et que font les chasseurs ? Ils transforment les territoires de chasse en minuscules territoires ne comprenant souvent qu'une toute petite partie boisée, ou bien ils découpent de grandes forêts en parcelles louées pour y pirscher, et chacun veut y tirer un vieux brocard. Mais si, tous les ans, je tire, à peu près au même endroit, un brocard adulte, alors il ne peut plus s'agir, à la longue, que de jeunes animaux, car plus aucun brocard n'arrive à y vieillir !

> **À NOTER !**
> L'effectif d'une population de chevreuils ne se détermine pas à partir du nombre de brocards tirés, mais à partir de celui des chevrettes !

Qui arrive où ?

« Nous avons fermé toutes les coulées principales » peut-on entendre régulièrement avant une battue de chevreuils. Il se pourrait bien que quelques chevreuils figurent même au tableau de chasse. Mais, fondamentalement, les coulées ne facilitent pas la fuite des chevreuils : ceux-ci – à l'inverse de l'espèce cerf – ne les empruntent guère lorsqu'ils s'enfuient. En effet, ils ne tiennent pas à s'enfuir ensemble et préfèrent plonger séparément dans la « clandestinité ». Aussi, plutôt que de choisir des coulées, devons-nous, dans la détermination des postes de battue, tenir compte du couvert permettant aux chevreuils de se déplacer discrètement – ou au moins sans prendre de risques. La question est alors la suivante : quelle est la liaison la plus directe entre deux remises les plus obscures possibles ?

La voix des chiens

Pour obtenir la réponse à cette question, le chasseur aura intérêt à s'adresser à son chien ! Par exemple : lors d'une battue, arrive un chevreuil qui met habilement à profit les petits bouquets de régénération parsemant la vieille futaie, avant de disparaître dans le fourré situé non loin de là. Peu après, arrive un chien menant à voix. Il éprouve peu de difficultés à tenir la voie dans la futaie. Mais, dans le fourré, nous l'entendons faire des boucles les unes après les autres. Là, il a vraiment du mal

Pour le gibier, nos tenues oranges et/ou fluo ne ressortent pas plus que du gris. Il ne perçoit pas les couleurs. En revanche, le gibier perçoit les contrastes !

à tenir la voie : il doit faire les arrières et effectuer des boucles. Si les chevreuils étaient moins méfiants à l'égard des chiens et s'ils se tenaient scrupuleusement aux coulées qu'ils utilisent hors menace, nos chiens auraient la tâche bien plus facile !

Une remarque encore à ce sujet. Certains chasseurs traitent leur chien de tous les noms lorsque, en été, il lui arrive de poursuivre un chevreuil en bonne santé. D'autres, plus malins, profitent de l'occasion pour s'instruire sur le comportement des chevreuils...

Celui qui, préparant une battue de chevreuils, cherche à définir les bons postes, doit se transposer dans la situation de son gibier. Il doit savoir comment les chevreuils réagissent et ce qu'ils veulent. Lorsqu'il est dérangé, un chevreuil ne traverse – s'il est tenu de le faire – une clairière ou autre surface dégagée qu'en courant. Les meilleurs postes en battue de chevreuils sont ceux où nous regardons vers la clarté à partir de l'obscurité et non l'inverse ! En effet, en arrivant d'un peuplement épais, puis en traversant une végétation haute au sol, le chevreuil est ralenti.

À NOTER !

Lorsqu'ils se tapissent au cours d'une battue, les chevreuils se comportent exactement comme nous le ferions, si nous devions passer de l'argent sale en Suisse !

La fuite avec un contact visuel

Les cerfs et biches s'enfuient sans se déharder, n'hésitant pas à traverser des peuplements forestiers clairsemés et même des surfaces dégagées. Pour choisir où fuir, ils se fient à leur vue plus qu'à leur odorat. En effet, d'une part il y a urgence, et d'autre part, tout, dans les parages, sent désagréablement l'homme et le chien. Le cerf qui veut s'enfuir avec les autres doit garder un contact visuel avec eux !

Cela doit être pris en considération par le chasseur. Il ne lui sert pas à grand chose de n'apercevoir, avant de tirer, que des animaux isolés : il doit voir la harde entière pour pouvoir déterminer l'animal qu'il veut tirer. En conséquence, il faudra, pour

Lors des battues de cerfs et biches et/ou de sangliers, il faut poster les chasseurs le plus loin possible à l'intérieur des hautes futaies, afin de pouvoir tirer en direction du gibier lorsqu'il arrive vers nous, au moins à 20 ou 40 mètres. Sinon, les balles sont presque toujours placées à l'arrière du corps des animaux.

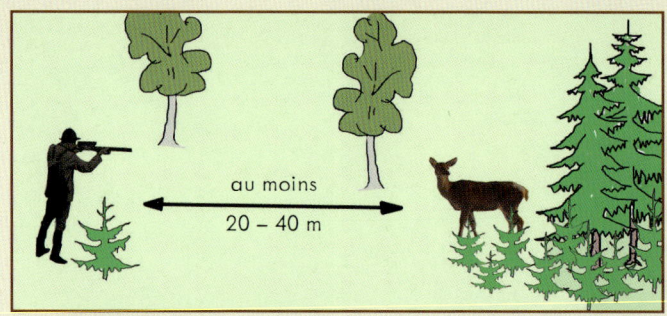

En battue, les chevreuils traversent les «ponts de lumière», aux endroits les plus étroits, en effectuant des bonds en zigzag, qui leur permettent de bien s'orienter. Les sangliers, s'il le faut, traversent la plaine rase. Quant aux cerfs et biches, ils aiment passer dans de grandes futaies assez clairsemées (pour garder un contact visuel entre eux), avant de s'engager dans des endroits dégagés.

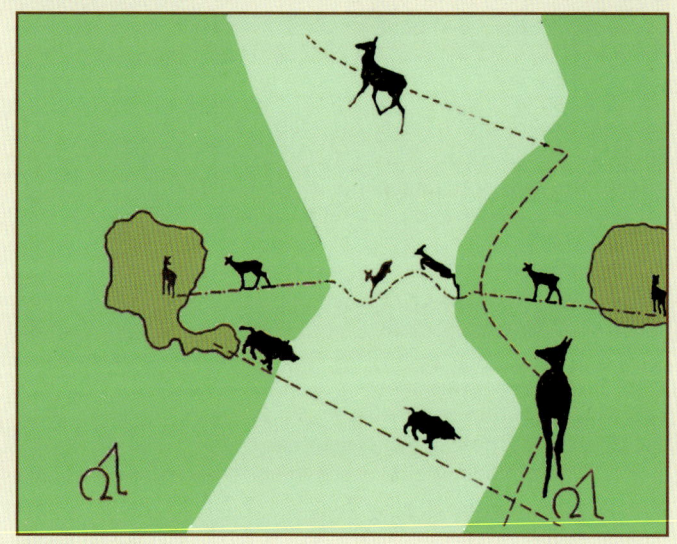

Les chevreuils et les sangliers aiment se déplacer dans des peuplements plutôt épais et obscurs, où le chasseur dispose d'un champ de tir très réduit. Là, il est utile de dégager quelques pattes d'oie, sur lesquelles le chasseur portera son attention. Il tirera le gibier qui se déplace lentement. Il pourra l'arrêter en sifflant juste avant qu'il n'atteigne la patte d'oie.

1. Il ne faut pas oublier que, dans les peuplements fermés, la vue du chasseur est d'autant plus réduite que son mirador est élevé !

2. C'est presque toujours à la course que le gibier traverse les chemins et limites de parcelles. Les chasseurs qui y sont postés (assis ou debout) se présentent au gibier comme sur plateau. Il vaut mieux poster les chasseurs à l'intérieur de peuplements relativement obscurs.

3. Les chevreuils aiment se tenir dans de grandes coupes forestières présentant une régénération en quantité suffisante. Les miradors construits au milieu de ces coupes garantissent un certain succès en chasse en battue, s'il y a assez de trouées dans la végétation pour pouvoir tirer.

4. Les chevreuils s'immobilisent rarement dans des bandes de régénération trop étroites. Ils les traversent sans s'arrêter, et s'immobilisent, pour écouter et prendre le vent, dans un peuplement voisin. C'est là que le chasseur devrait se poster.

5. Qu'importe que l'on chasse le cerf ou les chevreuils : il faut poster les chasseurs au plus haut dans le versant plutôt qu'au fond d'un vallon. Là, les animaux finissent par ralentir.

LE COMPORTEMENT DU GIBIER

une battue de cerfs et biches, poster aussi différemment les chasseurs que pour une battue de chevreuils. C'est précisément la raison pour laquelle on obtient souvent, en chasse en battue, de bons résultats pour l'espèce cerf et pour les sangliers, mais de très maigres résultats pour les chevreuils ! Cela nous explique aussi pourquoi, à des postes situés sur un layon, n'offrant guère de visibilité, de part et d'autre, à l'intérieur des parcelles, on tire relativement peu d'animaux. À de tels postes, la proportion de gibier tué par rapport au nombre de coups de feu donnés reste particulièrement défavorable : l'on y blesse beaucoup d'animaux ou l'on y tire des animaux… qu'il ne fallait pas tirer !

Un champ de vision large

Lorsqu'il doit tirer des cerfs et des biches, le chasseur devrait disposer d'un champ de tir le plus large possible. Ce n'est qu'ainsi qu'il peut suffisamment bien juger et tirer les animaux arrivant – au pas ou au galop – à sa hauteur. Les postes situés sur un chemin ou un layon ont généralement l'inconvénient que le chasseur ne voit pas arriver le gibier et qu'il est tenu de le tirer de l'arrière. Cela débouche sur de mauvais tirs et/ou des tirs abîmant la venaison. Aussi faut-il, si possible, disposer les postes de battue de cerfs et biches au centre de peuplements forestiers clairsemés.

Quant aux sangliers, ils préfèrent, comme les chevreuils, traverser du couvert et ne venir dans des zones dégagées que lorsqu'ils y sont obligés. Ils s'enfuient, si possible, en groupe et ont tendance à emprunter leurs coulées habituelles. Les traqueurs et leurs chiens ont beaucoup de mal à faire éclater une compagnie de sangliers. Le comportement des sangliers se situe donc à mi-chemin entre celui du chevreuil et celui de l'espèce cerf. En conséquence, il ne faut pas, pour une battue de sangliers, encercler les fourrés, mais poster les chasseurs de façon assez espacée, afin que chacun puisse, si possible, tirer tout autour de lui. Une compagnie ne viendra pas chez un seul chasseur, mais chez plusieurs d'entre eux. Et ainsi aucun chasseur ne sera contraint à effectuer de tir hasardeux, car il pourra compter sur le fait que le gibier se fera encore tirer ailleurs.

Les renards sont, eux, sensiblement conformes aux chevreuils. Lorsqu'ils s'enfuient, ils utilisent systématiquement les couverts disponibles et, si possible, les trajets les plus courts entre ces couverts. Mais les renards aiment aussi utiliser les excavations, comme les fossés entre deux versants, ou les chemins qui se situent légèrement en contrebas par rapport au terrain environnant.

Dans l'air du temps : savoir écouter

Ces sons qui dénoncent

Les animaux sauvages émettent diverses sonorités. Il n'existe pas d'espèces totalement muettes : même les plus silencieuses – comme le lièvre par exemple – ne le sont pas. Outre les sonorités qu'émet leur corps, d'autres sont provoquées par leurs mouvements. Ce ne sont pas seulement leurs déplacements qui génèrent les sons que perçoit et interprète le chasseur, mais aussi leur comportement spécifique. Ceci est important pour nous, car les chasseurs ont tendance à chasser jusqu'au crépuscule et même après. Il y a quatre ou cinq décennies, le chasseur quittait son poste d'affût lorsque la tombée de la nuit se faisait sentir. Son horloge était constituée du cran de mire et du guidon : lorsqu'il n'arrivait plus à les aligner, c'est que l'heure était venue de rentrer à la maison. Aujourd'hui, sur certains territoires à sangliers, le chasseur passe davantage de temps à chasser la nuit que le jour !

Communication

Avec leur voix, les animaux sauvages marquent leur territoire : ils signalent leurs velléités d'appropriation. Certains essaient aussi, par ce moyen, d'attirer les femelles. D'autres avertissent par leurs cris leurs congénères des dangers éventuels, tentent de faire fuir leurs ennemis ou de créer chez eux un sentiment d'insécurité. Les sons émis par les animaux d'une même espèce servent à leur compréhension mutuelle, qu'il s'agisse du cri d'alerte de la biche ou de celui de la chevrette. Certains sons expriment la colère ou le sentiment d'insécurité, comme l'aboiement du renard, que nous entendons parfois lorsque, la nuit venue, nous descendons de notre mirador.

Les geais des chênes ont la réputation de signaler, par leurs cris, la présence du chasseur. Ils font parfois un vacarme spectaculaire, même lorsqu'ils ne sont pas menacés. Un chasseur attentif observera le vacarme que peut produire un groupe de

Le geai des chênes est un oiseau qui crie facilement. Ses vociférations sont loin de mettre immédiatement le grand gibier au « garde-à-vous ».

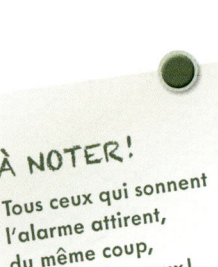

À NOTER !
Tous ceux qui sonnent l'alarme attirent, du même coup, l'attention sur eux !

geais en lisière de forêt, alors que des chevreuils, sans se laisser impressionner, paissent tranquillement sur la prairie voisine, ou qu'un renard ne perd rien de sa concentration dans sa chasse aux souris.

Il en est de même avec les pies. Il est faux de dire qu'une pie qui jacasse bruyamment sur une branche, annonce l'arrivée d'un renard, d'un chat ou de quelque autre gibier. Lorsqu'elle lance son cri d'alerte, celui-ci n'a rien à voir avec ses jacassements bruyants. C'est un léger et discret « touc-touc ». Les jacassements correspondent généralement à des altercations. Les sons plus discrets signifient qu'un ennemi arrive, importun mais plutôt inoffensif. Nous pourrions les traduire familièrement par : « Aux arbres, les pies ! » Pour le chasseur, cela veut dire : « Attention ! Quelque chose pourrait arriver ! » Mais il doit se souvenir que les pies signalent rarement la présence de cerfs et de chevreuils, car elles savent qu'ils sont inoffensifs pour elles. Et c'est là que, subitement, un renard ou un chat se trouve sous notre mirador...

Alerte aérienne

Cependant, lorsque les pies sont confrontées à des ennemis qui viennent des airs, essentiellement l'épervier et l'autour des palombes, elles produisent parfois un vacarme spectaculaire. Tout en émettant des cris d'alerte perçants, elles s'envolent dans le couvert le plus proche. Si l'autour, ayant raté sa prise, se pose dans un arbre, l'on peut entendre des cris impressionnants. L'épervier est plus obstiné : il poursuit à pied la proie qui vient de lui échapper et qui va se réfugier dans un épais fourré. L'oiseau poursuivi – pas seulement la pie – crie de peur et pour appeler du renfort. Il sait qu'il ne doit pas quitter l'arbre ou le fourré où il

Le grand corbeau n'est pas le seul oiseau à nous montrer, par son comportement, où se trouvent des charognes.

s'est réfugié, sous peine d'être attrapé par l'épervier. Mais, dans le fourré, il ne se trouve pas non plus en sécurité.

Si l'autour des palombes est découvert par des grives litornes, ces dernières font un incroyable boucan qui s'entend de très loin. Elles appellent tous leurs congénères des alentours pour attaquer ensemble cet oiseau de proie. Les grives litornes peuvent mener la vie dure aux rapaces.

Ces chevreuils qui crient...

Les chevreuils peuvent aussi donner l'alerte, surtout sur les territoires de chasse où les sangliers ne constituent que du gibier de passage. Un chevreuil se met à aboyer. Un autre chevreuil fait de même, et un autre encore. Ils peuvent être très éloignés les uns des autres. Notons cependant que l'animal qui s'est manifesté en premier semble s'énerver davantage que les autres et qu'il s'éloigne progressivement de l'endroit où il se tenait au départ. Il y a certainement des sangliers à proximité de lui. Comme c'est un gibier de passage, les bêtes noires n'inspirent pas confiance au chevreuil. S'il s'agit d'une chevrette, il est possible qu'il y ait son faon dans les parages. Le fait d'aboyer sert aussi à éloigner les ennemis du faon.

Les brocards en rut ne poursuivent pas seulement les femelles sur une prairie ou dans une clairière, mais aussi dans un fourré

Le « chuintement » des chevreuils n'est pas spécifique à l'un des deux sexes. Les brocards émettent ce son lorsqu'ils poursuivent les chevrettes, mais celles-ci l'émettent aussi occasionnellement en se déplaçant.

À NOTER !
Les brocards ne poursuivent pas à proprement parler les chevrettes en chaleur. Ils sont plutôt incités par ces dernières à les suivre.

légèrement clairsemé, dans un perchis ou dans quelque autre endroit où la vue est très limitée. Ils ne pratiquent jamais ces poursuites amoureuses sans faire de bruit : les mâles comme les femelles font entendre une sorte de chuintement, une émission sonore que l'on n'attribue communément – à tort – qu'aux brocards. Mais les deux émettent ce son caractéristique, et pas seulement lors des poursuites du rut. Il m'est arrivé de voir une chevrette – visiblement prête à se faire saillir et, dans ce but, à la recherche d'un mâle – venir vers moi, attirée par ma « musique » jouée à l'appeau. Elle progressait doucement, comme le font les brocards cherchant une femelle, le cou allongé vers l'avant, et poussant des chuintements. Ceux-ci s'entendent parfois lorsqu'un brocard en chasse un autre hors de sa remise.

Il est vrai que l'on entend de beaucoup plus loin les raires des cerfs au brame que les chuintements des chevreuils. Mais il arrive aussi que l'on entende mal les chevreuils. Pendant leur rut, si nous ne voyons rien de particulier lors d'un affût du soir, il peut être utile de rester une heure de plus à notre poste, dans l'obscurité, pour savoir ce qui se passe. Ceux qui croient que les chevreuils n'effectuent pas de poursuites de rut durant la nuit se trompent.

Les indications du brame

À propos des cris du cerf, il faut rappeler que celui-ci cherche, pendant le brame, à rassembler sa harde, c'est-à-dire à la maintenir groupée, mais ce n'est pas lui qui détermine l'endroit où elle va se diriger. Cette tâche reste attribuée à la biche meneuse. D'autre part, si une harde est visible, le soir, sur une

Avec son cri, le cerf nous peint un tableau assez précis de sa situation momentanée.

À NOTER !
Les cerfs ne brament pas avec la même intensité durant toute la nuit.

prairie, cela ne signifie pas forcément qu'elle s'y trouvera encore le lendemain matin. Le chasseur peut avoir, au petit matin, quelques difficultés à atteindre cette prairie sans se faire remarquer par les animaux. Ces derniers peuvent aussi avoir l'habitude de rejoindre leur remise avant le lever du jour. Pour ces différentes raisons il est utile, pour le chasseur, d'écouter le brame, à un moment ou à un autre de la soirée, pour savoir où se tient la harde au cours de la nuit. Il pourra peut-être en tirer quelque conclusion sur l'endroit où les animaux sont susceptibles de se trouver le lendemain matin et déterminer le chemin qu'ils prendront au lever du jour. De manière générale, cette écoute nocturne nous livre de précieuses informations même si nous ne pouvons pas aller à la chasse le lendemain matin. Les coulées qu'empruntent les grands cervidés pendant le brame correspondent – sous certaines conditions – à celles qu'utilisent le restant de l'année.

> Le biologiste allemand Wilfried Bützler a constaté que les séquences comportementales de brame – donc les cris du cerf – se déroulent à une intervalle d'environ 1 heure ½. Lorsque le chasseur, avant d'aller dormir, n'entend que le silence régnant sur la forêt, cela ne le renseigne donc guère sur la présence des animaux et la situation du brame !
>
> Les cerfs brament vigoureusement au crépuscule et dès que la nuit s'est installée. Souvent ils se calment à nouveau une heure après la tombée de la nuit. C'est vers minuit qu'on constate généralement un pic du brame. Souvent le brame redémarre aussi le matin, en plein jour, vers huit ou neuf heures.

Les cerfs parlent une autre langue !

Les cerfs nous donnent de nombreuse indications en plus de l'endroit où ils se tiennent. Les cerfs mâles informent leurs congénères – et, sans le vouloir, nous-mêmes – de certaines choses concernant la situation qui est la leur. Nous devons détenir quelques connaissances relatives aux habitudes des cerfs pour pouvoir bien interpréter leurs appels. Ainsi n'est-ce pas la tonalité des appels qui nous renseigne sur l'âge d'un cerf, mais plutôt son comportement. Ce qui nous intéresse, c'est de savoir s'il se tient avec une harde ou apparemment seul ? S'il se déplace dans un but précis et en bramant de façon provocante en direction d'une harde ? Lorsque deux cerfs s'interpellent mutuellement, nous voulons savoir lequel des deux est le maître de la place et lequel est celui qui voudrait le devenir, ou bien lequel est celui qui se contente d'exprimer sa frustration de célibataire. Aujourd'hui, beaucoup de chasseurs n'ont plus qu'un contact sporadique avec l'espèce cerf. Sur certains territoires de chasse au cerf qui ont été découpés en petits lots, les chasseurs ne voient plus qu'à de rares occasions dans l'année de grands cervidés. Parfois, l'espèce cerf n'est présente qu'en été, en hiver ou au printemps, jamais au moment du brame. À de tels endroits, le chasseur ne mémorise plus la voix des cerfs, ni l'image de ces derniers au brame, comme pouvaient le faire les chasseurs de grand gibier des temps passés. Dans ce cas, nous pouvons regarder attentivement le déroulement du brame dans certains films : en réfléchissant à ce que nous voyons, certaines images finissent par s'imprimer dans notre esprit, ainsi que les origines et motifs de certains comportements animaux.

Le cri de poursuite

Un cerf qui laisse entendre le cri de poursuite, cette succession de rots caractéristiques qu'il émet lorsqu'il poursuit une femelle, est forcément accompagné d'une ou de plusieurs biches. Lorsque deux cerfs se rencontrent et qu'ils se livrent un duel sonore ou physique, le perdant ne pousse pas de cri de poursuite en s'éloignant. Le vainqueur émet ce cri. Il est bon, pour la pratique de la chasse, de savoir de telles choses.

Le fait de crier exige du cerf une certaine dépense d'énergie et suppose qu'il dispose d'une puissante musculature du poitrail. L'intensité du raire doit donc être mise en relation avec la condition physique du cerf concerné. De jeunes cerfs, qui n'ont pas encore atteint leur plein développement corporel, ne peuvent pas rivaliser avec des cerfs adultes, arrivés à maturité. À l'inverse, les cerfs qui ont dépassé ce stade de la maturité, sont vite exténués et incapables de tenir le coup dans ces joutes verbales. Cependant, les vieux ont appris à préserver leurs forces : à la fin du brame, ils deviennent plus taciturnes.

LE LANGAGE DES CERFS

Pourquoi les cerfs brament-ils, au juste ?
- Ils sont excités à la vue des biches.
- Les cerfs de place indiquent ainsi l'endroit où ils se trouvent : ils donnent des informations sur leurs revendications territoriales, ainsi que sur la force qui est la leur.
- Avec leurs cris, les «cerfs satellites» provoquent les cris des cerfs de place. Ils évitent ainsi certaines rencontres fâcheuses et peuvent continuer à chercher des femelles.
- En bramant, tous les cerfs utilisent également d'autres modes de fanfaronnade : ils labourent le sol à coups d'andouiller ou frappent de leurs bois les buissons et arbustes. Ils brament aussi pour éloigner un rival et éviter ainsi un éventuel combat.

Que signifie le «cri de poursuite» ?
- Le cerf a des femelles autour de lui.
- Il rassemble les femelles.
- Il vient de saillir une femelle.
- Il vient de faire fuir un «cerf satellite» (éventuellement après un combat).

Que signifie le «faible rot» ?
- Le cerf se tient avec ses biche : il vient de se coucher ou ne va pas tarder à le faire. Il n'y a pas de «cerfs satellites» dans les parages, qui pourraient le menacer.

Que signifie le «brame à gorge déployée» ?
- Les cerfs de place communiquent entre eux.
- Des cerfs qui s'approchent annoncent leur arrivée et provoquent une réponse : en évaluant celle-ci, ils savent s'ils peuvent ou non s'engager dans une altercation.

Que signifie le «cri du combat» ?
- Il représente un défi lancé à un adversaire qui s'est rapproché d'assez près : il le somme de se mettre en position de combat.
- Il est aussi adressé à l'adversaire qui s'enfuit : «Ne t'avise pas à revenir !»

Que signifie le «cri d'alerte» ?
- Le plus souvent, il est émis par les biches. Mais il arrive que les cerfs coiffés émettent ce cri, qui signifie : «Alerte ! Un dérangement – souvent dû à l'homme – vient de se produire !»

Les animaux sauvages désamorcent les conflits par des rites. Nous, les hommes, nous créons des conflits avec nos rites.

Une voix grave : celle d'un vieux cerf ?

On a souvent tendance à attribuer les voix graves à de vieux cerfs. En réalité, le registre de la voix est déterminé davantage par la durée et l'intensité du brame du cerf concerné. Au début de la période du brame, les jeunes cerfs crient très peu, les vieux, par contre, brament déjà bien. On peut donc tirer certaines conclusions approximatives sur l'âge d'un cerf. Alors que les vieux cerfs montrent des signes de fatigue, les jeunes montent en puissance : leur voix devient de plus en rude et gutturale au fil du brame. Il peut alors arriver qu'une sixième tête ait la voix d'un cerf de douze ans.

Celui qui n'a guère d'occasions d'entendre les cerfs bramer dans la nature peut se procurer un CD ou un DVD sur ce thème, ou visiter un parc de vision où se trouvent des cerfs.

Peu de chasseurs sont capables de « parler » aux cerfs : c'est un manque d'expérience. Durant toute l'année, pourtant, le cri d'alerte (sorte de rot) des femelles est loin d'être dénué d'intérêt. En l'imitant, le chasseur peut stopper ou freiner la progression des cerfs en marche comme celle d'une harde de biches. D'ailleurs, pendant la période de brame, le cerf est loin de rester insensible à ce cri d'alerte. Et, pour imiter celui-ci, nous n'avons besoin d'aucun instrument.

Communication

Ce jargon des chasseurs

Les chasseurs sont capables de «s'entretenir» avec certains animaux sauvages. Toutes les formes de chasses consistant à appeler le gibier témoignent de cette aptitude. C'est le cas, par exemple, de la chasse du pigeon ramier à l'appeau. En réalité, nous n'appelons pas le pigeon, mais nous imitons son appel. Cela crée une certaine excitation qui l'incite à appeler ses congénères : c'est ce qui nous permet de nous approcher plus facilement de lui. Si le ramier commence à se méfier, sa strophe s'arrête sans émettre cette tonalité élevée du «Houg!». Si nous oublions, par mégarde, d'émettre ce ton final, le pigeon se tait : il pense que son rival (à savoir nous) a remarqué quelque chose de suspect.

Nous pouvons aussi apprendre et mettre à profit quelques mots du langage du tétras-lyre. Lorsque le chasseur, assis au petit matin dans son poste d'affût au sol, entend se poser, hors de sa vue, le premier petit coq, il peut émettre un appel sur un ton légèrement irrité, signifiant «Viens voir ici!», par lequel il lui fait

À NOTER !
Lorsqu'on appelle le gibier – avec ou sans appeau – le phrasé et le rythme sont plus importants que l'exactitude de la tonalité !

Celui qui tire les brocards dès le mois de mai peut se passer de la chasse à l'appeau !

miroiter la présence d'un concurrent. Ainsi le coq s'approche parfois du chasseur. Si cet appel ne suffit pas, le chasseur pourra imiter le son aigre et nasillard du caquètement d'une poule.

Menacée par la raréfaction de ses habitats, surtout les prairies naturelles, la caille des blés est aujourd'hui de moins en moins chassée. Mais dans certains pays d'Europe (la Croatie, par exemple), les vols de cailles en migration sont, en automne, interceptés par des chasseurs utilisant l'enregistrement de leurs cris au magnétophone : ils les incitent ainsi à se poser, afin de pouvoir les chasser le lendemain (les cailles se déplacent la nuit). Au cours de nos jeunes années de chasseurs, nous pouvions encore, lors de certaines nuits du début de l'été, « interroger » les cailles : nous imitions leur chant, afin d'inciter les mâles à se faire entendre et à voler dans notre direction.

Dans la pratique de la chasse

L'appel des canards est heureusement encore autorisé de nos jours. Il est souvent très utile. Avoir un certain accent lorsqu'on émet – avec ou sans appeau – ces appels de palmipèdes n'est pas vraiment gênant. Si le rythme convient et que la strophe émise est adaptée à la situation, l'on est compris et accepté. Aujourd'hui, le chasseur peut s'acheter un CD reproduisant les diverses voix des animaux, ce qui lui permet de se perfectionner. Mais s'il veut vraiment réussir dans ce domaine, il devra prendre quelques cours particuliers sur le terrain. Il y découvrira à la fois le langage *et* la situation où celui-ci est utilisé. Rien n'est mieux appris que ce que l'on a soi-même vécu et expérimenté au contact de la nature.

Les lièvres ne chantent pas

Avec des lièvres, il n'est pas possible de communiquer. Mais en imitant la plainte du lièvre ou celle du lapin, l'on peut entrer en contact avec le renard. Avec un peu d'entraînement, on peut imiter la plainte du lièvre sans recourir à un instrument. Il suffit d'utiliser la paume de la main pour reproduire ce cri bien spécifique. Après avoir essayé plusieurs fois sans succès, beaucoup de chasseurs abandonnent. Ils ont tort ! À la chasse au petit gibier, il nous arrive souvent d'entendre les cris de plainte d'un lièvre qu'un chien a fini par attraper, ou ceux d'un lièvre blessé qu'un traqueur soulève par ses pattes arrière pour l'achever d'un coup de bâton dans la nuque. Si l'on écoute avec attention, on sait que les lièvres ont chacun des cris de plainte différents : les variations de leurs cordes vocales ne peuvent être réduites à un enregistrement magnétique standardisé !

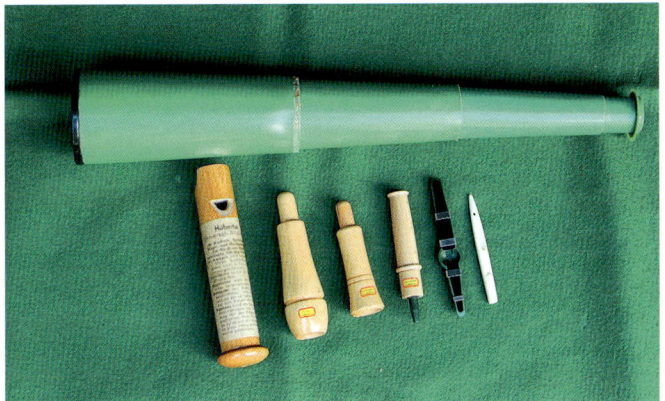

Différents appeaux : pour le cerf (en haut) et, de gauche à droite (en-dessous), pour le pigeon ramier, le canard, le renard (plainte du lièvre), le renard (cri de la souris), le chevreuil et la gelinotte.

Lorsque nous attirons le renard en imitant la plainte du lièvre, nous lui racontons qu'un de ses congénères a attrapé un capucin. Il faut que le renard entende comment son collègue dépasse le lièvre à la course ou le surprend, comment il le saisit, comment le lièvre lui échappe durant quelques secondes, comment son collègue s'en empare à nouveau et comment le lièvre finit par s'essouffler totalement avant de mourir.

Premières tentatives de séduction

Le chasseur débutant devrait démarrer ses premières tentatives de séduction lorsqu'il aperçoit un renard qui se trouve à au moins cent mètres de distance. Si le renard s'arrête et regarde dans sa direction, sans prendre la fuite, cela signifie que le chasseur a relativement bien « parlé » ! Beaucoup de renards – surtout pendant le rut – s'enfuient immédiatement. Peut-être ce dernier a-t-il suffisamment mangé ? Ou une renarde en chaleur se trouve-t-elle à proximité ? Un renard rassasié dispute rarement à un de ses collègues le lièvre que celui-ci vient de prendre. Il se peut aussi que le renard que nous venons d'appeler ait déjà fait, un jour, une mauvaise expérience avec un collègue dont il voulait s'approprier le lièvre. Il en est de même si notre « langage de lièvre » s'avère maladroit, ou si le renard s'est déjà fait rouler une fois auparavant : il se montrera désintéressé, mais vérifiera peut-être la situation en effectuant quelques détours. Tout cela dépend aussi de la nature du terrain.

Tester nos connaissances linguistiques

Les renards réagissent plus facilement aux cris de la souris. Cela n'est pas étonnant. Des souris qui couinent sont des proies susceptibles d'être prises en passant. Un renard qui se tient sur une prairie à la recherche de souris enregistrera notre petit cri de souris. Il lèvera la tête puis continuera de travailler là où il se

À NOTER !
Nous serons d'autant moins crédibles pour le renard que nous le chasserons souvent à l'appeau !

trouve. S'il a pris connaissance de notre petit cri sans chercher à en savoir plus, c'est peut-être parce que cette sonorité ne lui paraissait qu'à moitié crédible. Il est toujours bon de tester de temps à autre nos « connaissances linguistiques » lorsque nous nous trouvons en présence d'un renard. Avec la plainte du lièvre il ne faut pas exagérer. Le renard sait mieux que nous ce qu'il en est de la densité de lièvres. Il ne peut pas croire que, toutes les semaines, en hiver, une demi-douzaine de lièvres puissent succomber dans les pattes d'un concurrent !

Comment le dire aux chevreuils ?

Par grands bonds sinueux, un chevreuil arrive en aboyant. Un brocard ! Que faisons-nous (en fonction de la situation) ? Nous aboyons, nous aussi. Une ou deux fois, brièvement et sèchement. Que fait le brocard ? S'il ne se sent pas poursuivi, il lèvera la tête et écoutera, dans l'espoir d'apercevoir son congénère.

Stop, on ne bouge plus !

On peut aussi amener des chevreuils qui avancent au pas ou au trot, à s'arrêter pour se mettre aux aguets. Le chasseur peut réussir en utilisant son propre langage. Il lui suffit de crier « Stop ! » ou « Stop, on ne bouge plus ! ». La sommation doit être énergique, sinon le gibier ne réagit pas, ou accélère sa progres-

Il existe beaucoup de possibilités pour amener les chevreuils à se mettre aux aguets. On peut siffler, appeler ou aboyer. On peut aussi répondre à leur propre aboiement (cri d'alerte) par cri bref et étouffé, ce qui permet parfois de dépassionner certaines situations.

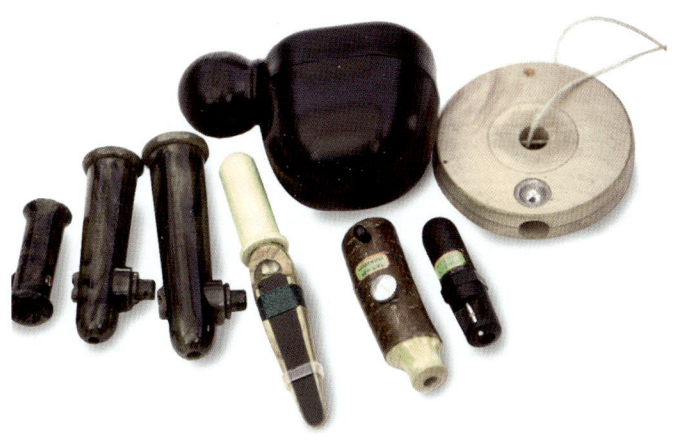

Chaque chasseur ne jure que par son appeau. Mais on oublie souvent que l'appeau peut rendre de grands services pour le sauvetage des faons lors de la récolte du foin au printemps, ainsi que pour la chasse des chevrettes en automne.

sion. En effet, les chevreuils entendent aujourd'hui très souvent des voix humaines.

Il arrive qu'un animal circule devant nous, par ci, par là, sur une coupe forestière : il est souvent caché par la végétation, ou bien il a la tête au sol, ce qui nous empêche de le juger correctement. Dans ce cas, il suffit de casser une petite branche sèche ou de détacher, en le faisant légèrement craquer, un bout d'écorce recouvrant le bois du mirador.

Il est bien connu qu'en émettant certains sons aigus, on peut persuader les brocards qu'on est soi-même une jeune chevrette. Les brocards en rut se comportent souvent comme des hommes mariés frappés du démon de midi : ils sautent sur tout ce qui se présente ! Dans ce cas, il n'est pas très difficile de manier l'appeau. Durant le reste de l'année, les chevreuils sont plus méfiants. Il peut cependant s'avérer utile que nous ayons un appeau à chevreuil, plutôt qu'un GPS pour retrouver notre voiture...

L'appel émis par le faon

Par exemple : nous sommes au mois de juin, la végétation est assez haute et les mamelles des chevrettes ont déjà bien rétréci. La chevrette mange, depuis un long moment, dans la coupe forestière qui s'étend devant nous. Nous n'apercevons aucun faon et sommes plutôt convaincus que cette chevrette n'est pas suitée. Nous émettons un très discret appel de faon. La chevrette relève la tête, regarde rapidement à droite et à gauche et, insouciante, continue à brouter. Mais il se pourrait qu'elle vienne vers nous ou qu'elle commence à s'agiter...

En septembre, la relation qu'entretient la chevrette avec son faon est encore très étroite. Cependant, les faons se montrent

À NOTER !

Celui qui, toute l'année, passe son temps à souffler dans son appeau à chevreuils pendant la chasse ne doit pas s'étonner de ne rencontrer aucun succès !

QUAND ET COMMENT UTILISER L'APPEAU À CHEVREUILS ?

Pendant la période de rut :
- Uniquement à la fin de cette période, c'est-à-dire à partir de la première semaine d'août. L'heure de la journée n'a pas tellement d'importance. Contrairement à l'opinion largement répandue, les brocards ne réagissent pas seulement à l'appeal lors des chaudes journées estivales.
- Le chasseur doit, autant que possible, se poster au sol, en tenant compte du vent, près de l'endroit où le brocard convoité est remisé. Puis il doit attendre au minimum 15 minutes. Il peut ensuite appeler plusieurs fois, timidement. Petite pause. Encore une fois deux ou trois « arias ». Entre ceux-ci, imiter si possible, dans les feuilles mortes et sèches, le bruit du brocard grattant le sol lorsqu'il effectue un régalis. Pour conclure, rester 20 minutes au poste, avant de s'en éloigner très prudemment.

Au début de l'été :
- Assis en lisière de forêt, à bon vent, ou couché à plat ventre au milieu d'une prairie, on imite très doucement le cri du faon. La chevrette viendra si elle a laissé son ou ses faon(s) dans cette même prairie.
- Lorsqu'une chevrette dont les mamelles ne sont pas visibles (attention à la végétation !) se tient à découvert et que nous voulons vérifier si elle est suitée ou non, nous émettons très doucement le cri du faon.

Au début de l'automne :
- Nous venons de tirer une chevrette qui était venue seule, et nous découvrons qu'elle était suitée. Le ou les faon(s) reste(nt) dans les parages. En imitant le cri de la chevrette, nous pourrons peut-être le(s) tirer le même soir ou le lendemain matin.

déjà relativement autonomes et, parfois, ils ne suivent leur mère qu'avec un certain retard. Il peut donc arriver qu'un chasseur tire, par mégarde, une chevrette suitée. À la suite de ce tir malencontreux, le ou les faon(s) orphelin(s) peu(ven)t surgir. Si ce n'est pas le cas nous pouvons nous mettre à l'affût au même endroit, le soir même ou le lendemain matin, et imiter l'appel de la chevrette. Nos appels ne devront pas être émis en permanence, mais de façon discrète, et en respectant un intervalle d'une demi-heure entre chacun d'eux. À la recherche de leur mère, les faons orphelins finiront par se montrer à un moment ou à un autre.

Le goût de la contradiction

Pour obtenir une tonalité à peu près crédible sur le terrain, nous devons ouvrir nos oreilles, et nous transposer continuellement dans la situation et dans le mode de pensée d'un animal sauvage.

Les brocards s'approprient, le plus souvent à l'âge de deux ans, leur propre lieu de séjour estival : ils le défendent contre leurs congénères et le gardent toute leur vie. Celui qui tire un vieux brocard ne peut pas s'attendre à tirer à nouveau un vieux brocard au même endroit l'année suivante.

Considérons la situation suivante : nous sommes postés sur une échelle d'affût, en lisière de forêt. Derrière nous, dans le bois, un chevreuil a perçu un mouvement de notre part (c'est pourquoi il est conseillé de camoufler l'arrière du siège des échelles d'affût). Méfiant, l'animal se met à aboyer. Ou s'enfuit sans demander son reste, en criant éventuellement encore une ou deux fois. Le cas échéant, nous lui répondons en criant à notre tour – une ou deux fois tout au plus – d'un ton bref et étouffé : « Böh ! » S'il est derrière nous, le chevreuil ne se déplacera pas tout de suite vers la prairie qui s'étend devant nous. Il attendra un peu,

Cette biche de cerf sika vient de remarquer quelque chose de suspect. Peut-être se calmera-t-elle si nous émettons un – très discret – cri de faon ?

COMMUNICATION

À NOTER !

Il est inutile, voire contreproductif, d'aboyer soi-même si l'on a été repéré auparavant par le chevreuil convoité.

avant de sortir du bois à la nuit tombante. S'il a aboyé parce qu'il nous a éventé, toute forme de réponse de notre part s'avérera contreproductive.

Une autre situation : la nuit est arrivée. Les chevreuils sont dehors, sur la prairie. Nous descendons prudemment du mirador pour retourner, en pirschant, vers notre voiture. Nous l'avons presque atteinte quand, sur la prairie, un chevreuil se met à aboyer. L'animal a dû percevoir quelque chose (mouvement, bruit, odeur…) émanant de nous. Nous émettons alors un ou deux profond(s) grondement(s), comme nous avons pu souvent en entendre de la part des chevreuils. Ensuite, nous attendons un peu que le ou les chevreuil(s) se soient calmé(s) pour déverrouiller et faire démarrer notre voiture.

Se déplacer sur le territoire de chasse

On nous a reconnus !

Certains chasseurs gaspillent inutilement de l'adrénaline à chaque fois qu'il est question de la « pression de chasse ». Ils n'acceptent pas que les animaux sauvages se méfient davantage de nous que des utilisateurs de la nature qui ne portent pas d'arme. Ils considèrent que les promeneurs qui viennent se ressourcer dans la nature sont, comme les bûcherons et les agriculteurs, des épouvantails pour l'ensemble de la faune sauvage. On ne manque pourtant pas d'exemples qui montrent de qui les animaux sauvages ont peur. C'est ainsi que le sanglier est devenu le plus souvent un gibier purement nocturne, qui redoute la lumière du jour, et celle de la pleine lune. En même temps, dans certaines grandes villes comme Berlin, on peut aujourd'hui photographier des laies avec leurs marcassins au milieu des immeubles et dans les jardins des maisons particulières. Pensons aussi aux canards colverts qui donnent bruyamment l'alerte et s'envolent dès que le chapeau vert d'un

La pirsch est une belle chasse, mais nous voyons peu de gibier. Aussi est-il bon d'être accompagné d'un chien, qui, par son comportement, nous rend attentifs à la présence de gibier.

Tout voir sans être vu soi-même, telle est la devise de cette chevrette.

Les sangliers finissent par être aussi peu méfiants que sur cette photo, s'ils ne sont pas jour et nuit pourchassés.

chasseur dépasse le niveau de la digue d'un étang. Ces mêmes canards pataugent en toute confiance non loin de là, sur la rivière du village voisin et ne se laissent impressionner ni par les retraités en promenade, ni par la circulation automobile, ni même par les mères de famille dont ils amusent la progéniture. Au contraire, les canards *recherchent* la proximité des hommes et viennent mendier auprès de ces derniers. En haute montagne, les marmottes se tiennent souvent à proximité des sentiers de randonnée, sans se laisser perturber par l'arrivée des cohortes de touristes. Mais, à l'écart de ces sentiers, là où elles sont chassées, les marmottes disparaissent dans leurs terriers dès qu'approche un homme en habit vert, muni de son arme.

De nos jours, certaines villes sont tout aussi connues pour la faune sauvage qui y vit en grand nombre que pour leurs prestigieux monuments. Berlin se distingue par ses sangliers, Kassel par ses ratons laveurs, Zurich par ses renards et Vienne pour ses corbeaux freux. On pourrait citer bien d'autres exemples qui montrent de façon évidente de qui le gibier a réellement peur. Même le grand gibier ou certains dangereux prédateurs finissent par s'arranger avec l'homme. C'est ainsi qu'à Anchorage (270 000 habitants), en Alaska, des masses d'ours noirs vivent en plein centre-ville durant l'été. Ils viennent manger les fruits des arbres autour des maisons, et les passants ne font presque plus attention à eux. Des élans séjournent également au centre de cette ville. Notons que dans la ville nord-américaine d'Elk Town, dans le Colorado, des hardes de cerfs envahissent chaque été le centre (N.d.T.).

Ne pas déranger

Nous, les chasseurs, nous ne voulons en aucun cas déranger le gibier par notre présence. Une telle pensée est raisonnable et toute à notre honneur. Mais nous oublions que les animaux sauvages sont munis de sens bien plus performants que les nôtres. Il se peut que, dans le cadre d'une partie de pirsch ou d'une promenade sur notre territoire de chasse, nous passions, sans nous faire remarquer, à côté d'une harde de chevreuils ou d'une compagnie de sangliers : cela ne veut pas dire que d'autre animaux – que nous n'avons même pas vus – ne nous aient pas repérés depuis longtemps. Nous avons peu de chances de nous mouvoir sur le terrain de façon complètement inaperçue. Avant même d'apercevoir un seul chevreuil, trois ou plus de ces petits cervidés nous ont sûrement aperçus !

Ce n'est pas l'homme, mais son comportement qui dérange !

Ce qui dérange le gibier n'est pas tant le fait que nous soyons des hommes, mais plutôt l'art et la manière avec lesquels nous nous comportons. Les gens qui ne chassent pas se comportent d'une autre manière que nous : sans se compliquer la vie et sans éveiller de soupçons ! Le chasseur, qui fréquente régulièrement sa propriété, est en quelque sorte considéré par le gibier comme un habitué des lieux. Mais nous dégageons une odeur différente de celle des non chasseurs. Nos habits de chasse imprégnés de toutes sortes d'odeurs y contribuent. Notre voiture, dans laquelle nous transportons régulièrement des chiens ainsi que du gibier tiré, dégage également une odeur bien différente par rapport à une voiture, de la même marque et du même modèle, conduite par un non chasseur. Notre chien réagit lui-même différemment devant notre voiture ou devant une voiture du même modèle appartenant à quelqu'un d'autre. Notre odeur et celle de notre voiture évoquent des expériences négatives pour le gibier, qui sait immédiatement de quoi il s'agit.

Lorsque nous arrêtons notre voiture pour aller à la pirsch ou à l'affût, nous refermons la portière avec d'infimes précautions. Un non chasseur claque la portière de sa voiture.

Danger identifié, danger maîtrisé !

Nous marchons avec beaucoup de précautions en direction du mirador, nous ne parlons pas, nous nous arrêtons régulièrement pour observer les alentours. Les non chasseurs, au contraire, se déplacent sans prévention, voire sans scrupules. Le gravier peut crisser sous leurs semelles et ils ne font rien pour retenir leurs quintes de toux. Les non chasseurs discutent entre eux sans la moindre gêne. Mais ceux qui se comportent ainsi dans

Descendre de la voiture et prendre appui sur le toit de celle-ci n'est pas à proprement parler interdit – même s'il est strictement interdit de tirer de l'intérieur d'un véhicule. Mais nos ongulés sauvages, s'ils sont régulièrement chassés ainsi, apprennent vite à percevoir la menace d'un danger dans l'arrivée d'une voiture.

À NOTER !

Nous ne cessons de rappeler aux chasseurs que les chiens qui chassent le gibier en menant à voix le dérangent très peu. Par contre, des chiens qui restent muets sur la voie du gibier dérangent énormément celui-ci – qui se comporte d'ailleurs de la même manière à notre égard !

la nature sont, en quelque sorte, maîtres du gibier. Car celui-ci réagit selon la devise suivante : danger identifié, danger maîtrisé ! Nous, les chasseurs, nous singeons – consciemment ou inconsciemment – les grands prédateurs. Nous ne nous déplaçons pas comme des bovins, mais comme un lynx !

À vélo comme à cheval, l'on rencontre des chevreuils – tant que l'on continue d'avancer – souvent à faible distance et sans les faire partir. Pensons aussi à l'agriculteur qui, sur son tracteur – un vrai monstre pour les chevreuils ! –, peut se permettre de passer tout près de hardes de chevreuils au gagnage, sans que ceux-ci ne fassent preuve de la moindre inquiétude. Avec notre voiture, nous pouvons aussi passer à proximité des chevreuils : la situation devient critique – selon les expériences vécues jusqu'ici par les animaux concernés – à partir du moment où nous arrêtons le véhicule ou lorsque nous descendons la vitre de la portière.

Lorsque la chasse est pratiquée de manière intelligente, les promeneurs non chasseurs peuvent, eux aussi, bénéficier du spectacle du gibier (ici : des chamois). Nous sensibilisons ainsi le grand public à la conservation de la faune sauvage.

Du bruit, il y en a partout !

Le bruit, lui non plus, ne dérange guère la plupart des animaux sauvages. Les chevreuils ont tendance à s'enfuir lorsqu'ils aperçoivent de loin le silencieux chasseur. Mais ils supportent souvent jusqu'à une très faible distance le tracteur bruyant d'un paysan. Les lapins ou les sangliers qui se tiennent dans une parcelle de maïs ont bien moins peur de la bruyante moissonneuse-batteuse que du chasseur immobile posté à l'extérieur.
Au fond, je n'apprends rien de neuf au chasseur. Il n'en tire cependant pas toujours les bonnes conclusions. Il y a aussi des situations où il se sert de ces expériences. À la chasse au chamois par exemple, lorsqu'il n'existe aucun couvert permettant de s'approcher des animaux à bonne distance de tir, le chasseur imite parfois les touristes et, comme s'il effectuait une randonnée, marche tranquillement en direction des chamois. Il faut préciser que les chamois supportent mieux une telle manœuvre d'approche lorsqu'ils sont confrontés à un groupe de randonneurs. D'ailleurs, c'est à proximité immédiate des refuges de montagne et des stations d'arrivée de téléphérique que les chamois manifestent souvent très peu de méfiance à l'égard des êtres humains.

Le gibier s'instruit aussi longtemps qu'il vit

Les animaux sauvages disposent – selon l'espèce à laquelle ils appartiennent – d'une mémoire absolument fidèle. Beaucoup de chasseurs ne démordent pas de certaines idées qu'on a dû, il y a bien longtemps, leur inculquer. Certains d'entre eux continuent de croire qu'ils peuvent déterminer à une ou deux années près l'âge exact d'un brocard adulte, ou bien qu'ils peuvent, en se référant fidèlement à quelque théorie raciale d'un autre temps, classer les animaux sauvages en bons ou mauvais géniteurs. Si les animaux sauvages se payaient eux-mêmes le luxe d'une telle ignorance, ils ne vivraient pas longtemps. C'est là, le vrai problème : ce que nous faisons régulièrement ne manque pas d'être percé à jour par le gibier. Aucun chevreuil ne reste en place lorsque surgit un tracteur, si, du haut de celui-ci, on lui a déjà tiré dessus à plusieurs reprises ! Si, au lieu de pirscher prudemment et silencieusement, nous nous dirigeons vers le mirador en parlant à haute voix, cette combine sera rapidement découverte par les chevreuils autochtones, à moins que nous ne laissions s'écouler un temps suffisamment long entre notre bruyante arrivée et le coup de feu que nous lâchons. Tout cela dépend aussi du nombre total d'êtres humains fréquentant le territoire de chasse. Le gibier évalue d'autant plus facilement

> **À NOTER !**
> On ne peut pas dire que tel ou tel mode de chasse est le moins dérangeant, donc le plus efficace. C'est la variation et la discrétion des pratiques qui s'avèrent déterminantes.

Les chevreuils s'accommodent très bien des promeneurs qui visitent la forêt. Ils s'enfuient le plus souvent sans éprouver la moindre panique. Pour le chasseur, cette pression du grand public s'avère beaucoup plus problématique, car les chevreuils (comme d'autres animaux sauvages) s'enfuient souvent plus tard et dans une tout autre direction. Le suivi télémétrique visible sur l'extrait de carte ci-dessous permet de le montrer.
Un brocard muni d'un émetteur a été levé par un chercheur de champignon (A). Pour

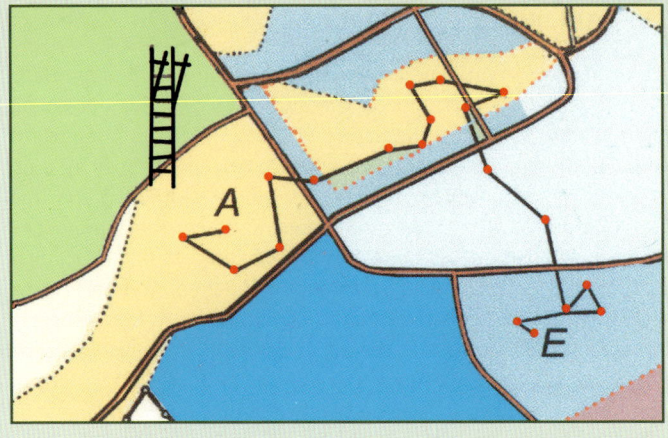

parcourir les 80 premiers mètres de son trajet de fuite, l'animal s'est octroyé 15 minutes. Ensuite, il s'est faufilé pendant 25 minutes sur une distance de 120 mètres, puis il a mis, à nouveau, 25 minutes pour parcourir 90 mètres. En tout, il a mis 8 heures et 10 minutes pour parcourir 1 550 mètres (E). Tout cela ne pose aucun problème. Mais, près du mirador situé en lisière de forêt, ce brocard n'aurait certainement pas été visible le même soir. Plutôt que de venir sur la prairie au pied du mirador, il s'est déplacé à l'intérieur de la forêt. Les points rouges indiquent les différents intervalles de temps.

(Données télémétriques fournies par la station d'études et de recherches forestières de Bavière)

Avec un morceau de filet de camouflage (que l'on emporte facilement dans le sac à dos), le bâton de pirsch ou quelque branche morte, l'on peut construire facilement et partout un paravent d'affût. Les possibilités de s'asseoir de manquent pas : on peut même emmener avec soi un petit siège de battue.

les hommes auxquels il est confronté que ceux-ci sont moins nombreux à circuler sur son territoire. Il en est de même des modes et techniques de chasse que nous pratiquons : plus ils sont diversifiés, plus le gibier a du mal à les appréhender.

Tout est une question d'habitude

On sait à quel point les sangliers peuvent se montrer tenaces là où ils sont régulièrement chassés avec des chiens. Il y ont très vite appris que la solution la plus sûre consiste à rester

Les corneilles reconnaissent le chasseur sans difficulté et adoptent alors une grande distance de fuite. Elles le perçoivent en revanche le paysan comme quelqu'un d'utile et d'inoffensif et ne manquent pas de le suivre...

dans leurs bauges, en réprimandant parfois l'un ou l'autre chien d'une charge rapide comme l'éclair. Les chevreuils comprennent vite, eux aussi, tout l'intérêt qu'ils ont à rester cachés dans leurs remises lors des battues. Quant aux corneilles et corbeaux, nous savons qu'ils distinguent sans problèmes les gens qui portent un fusil de ceux qui n'en portent pas. Ils identifient même nos voitures. Si les corvidés n'avaient pas parfaitement compris que la grande majorité des hommes est inoffensive, ils ne partageraient pas leur milieu de vie avec elle. De nombreux corvidés ont aujourd'hui tendance à aller s'établir dans des zones urbaines. Lorsqu'ils parcourent au printemps les parkings, les jardinets et leurs buissons pour y trouver les nids des oiseaux chanteurs, ils témoignent d'une grande indifférence à l'égard de l'homme : ils ont compris qu'ils ne sont pas chassés au milieu des maisons.

Cela était bien différent autrefois. L'emprise des surfaces chassables était beaucoup plus importante. Le monde était moins submergé de bruit, de lumière, de circulation automobile et de pollutions de toutes sortes. Et le nombre de gens qui avaient du temps à passer au grand air était beaucoup moins important. Le nombre de chasseurs s'est continuellement accru par rapport à la surface chassable disponible (dans certains pays et régions d'Europe seulement – N.d.T).

Les installations de chasse

Un peu, pour obtenir beaucoup

Les demandeurs d'asile qui, dans la nuit et le brouillard, franchissaient autrefois le rideau de fer, se demandaient parfois si leurs pieds foulaient déjà le sol de l'Allemagne. Pour répondre à leur questionnement, on aurait pu leur donner un «truc» aussi simple qu'efficace : là où, partout dans le paysage, se dressent des miradors, on est dans le pays de Goethe ! La chasse à l'affût au mirador constitue en effet une vraie tradition allemande – bien plus marquée qu'en Autriche, par exemple.

C'est dans les années 1980 que le sanglier a démarré sa «marche triomphale», qui a largement contribué à implanter des miradors sur la plupart des plaines de chasse. Sur beaucoup de ces territoires, l'on pourrait se contenter d'un nombre moins important d'installations d'affût ou de constructions plus

C'est dans les régions alpines que l'on trouve assez souvent des constructions audacieuses, pouvant dépasser 10 mètres de hauteur. Le poids total repose sur deux fines perches reliant en biais la base du tronc de l'arbre au plancher du mirador. Celui qui a la charge d'une famille devrait bien réfléchir avant d'y monter...

Il ne devrait manquer, dans aucun mirador ou installation d'affût au sol, une planche permettant de prendre appui, pour tirer, avec le coude du bras droit.

modestes – qui seraient aussi efficaces. Toute la forêt ne doit pas être encerclée de miradors. Il suffit parfois de disposer d'un point surélevé pour pouvoir observer, de loin, les champs et les prairies s'étendant en lisière d'un massif forestier. On évite ainsi de construire tous les 200 mètres une échelle d'affût ou un mirador. On peut aussi entretenir à l'intérieur de la forêt, et en lisière de celle-ci, un sentier de pirsch – que l'on ne fréquentera que de temps en temps, le soir ou au petit matin. On pourra éventuellement y intégrer deux ou trois paravents d'affût, de construction simple et discrète.

Souvent, l'on sait avec assez de certitude comment se déplace le gibier, le matin, pour aller au gagnage et d'où il arrive, le soir. Dans ce cas, il est plus sensé de créer une possibilité d'affût à l'intérieur de la forêt, plutôt que d'attendre les animaux en lisière. L'avantage est que les animaux arrivent plus tôt, le soir, et plus tard, le matin, qu'en lisière de forêt. De tels postes d'affût sont aussi plus faciles à atteindre : ils génèrent moins de dérangements. En lisière de forêt, l'on dérange presque toujours. Au petit matin, les animaux sont encore dehors et remarquent notre arrivée. Le soir, il nous faut rentrer à la maison à un moment ou à un autre : là aussi, le gibier s'en aperçoit fréquemment. Il pousse parfois son cri d'alerte ou s'enfuit. Là où l'on se plaint que les chevreuils ont, aujourd'hui, quasiment disparu ou que l'espèce cerf n'est plus qu'un rare gibier de passage, le chasseur y est souvent pour beaucoup !

Ce sont généralement les surfaces de gagnage les plus attractives pour le gibier – celles qui lui fournissent la nourriture la plus abondante – qui sont les mieux pourvues en installations d'affût. Il faut pourtant que notre grand gibier puisse aller s'alimenter quelque part, sans être en permanence dérangé par le chasseur !

À NOTER !

L'idéal consiste à observer et à juger les animaux à une grande distance, puis à les tirer d'assez près. Ainsi la pression de chasse est-elle considérablement diminuée.

À l'intérieur de la forêt, il est conseillé de construire des installations d'affût de hauteur réduite. Là où l'on risque d'être éventé, il faut veiller à l'étanchéité de l'habitacle. Des panneaux de bois résistant aux intempéries constituent une bonne solution.

Où faut-il l'installer ?

Le critère déterminant pour définir l'endroit où il faut mettre en place une installation d'affût est le champ de vision : nous voulons pouvoir observer ce qui se passe dans toute une prairie, ainsi que dans un maximum d'endroits d'un versant forestier. Mais, en raisonnant ainsi, nous négligeons parfois le point de vue du gibier. Il faut que nous nous transposions dans la situation des animaux qui arrivent à l'endroit concerné, ou qui y sont au gagnage. Certaines échelles d'affût sont placées de telle manière que le gibier qui arrive est obligé d'en voir l'extrémité supérieure. Un bon exemple est cette échelle – très bien intégrée dans l'environnement – figurant à la p. 87. Une fois que le gibier se tiendra sur la prairie, il regardera surtout en direction du chemin et des maisons qui se trouvent non loin de là. Mais il faut auparavant que le gibier accède à cette prairie. En règle générale, les animaux arrivent de l'intérieur de la forêt : là, l'échelle est beaucoup moins bien intégrée. Le chasseur y est présenté comme sur un plateau et le moindre de ses mouvements le trahit.

Ce qui manque à beaucoup d'entre nous, c'est le calme intérieur, cette condition préalable à toute chasse à l'affût. Notre activité professionnelle qui nous pousse au rendement et à l'efficacité, l'énervement avec lequel nous libérons encore une heure ou deux pour l'affût du soir, nous accablent autant que notre déplacement en voiture vers le territoire de chasse, dans les interminables bouchons pour sortir de la ville en fin d'après-midi. Qu'on me pardonne cette impertinente comparaison : des chiens de chasse qui auraient des nerfs aussi peu solides que beaucoup d'entre nous seraient, par précaution, éliminés de l'élevage… C'est aussi la technologie d'aujourd'hui qui suscite notre agitation. Il y a 100 ans, le chasseur maniait pas avec fébrilité ses jumelles 15 minutes encore avant l'obscurité. Aujourd'hui, nous disposons d'une optique perfectionnée, qui nous amène à lever d'autant plus fréquemment et nerveusement nos jumelles que le gibier que nous apercevons se fait rare ! En été, les insectes sont aussi de la partie et nous font gesticuler.

Il arrive que, dans des espaces dégagés, les miradors soient placés de manière à ce que les animaux qui arrivent regardent le chasseur dans les yeux. Dans la majorité des cas, le gibier porte un regard à ras du sol. Ce n'est que s'il entend ou voit quelque chose d'inquiétant qu'il regarde vers le haut. Cependant, s'il doit surmonter quelque déclivité, par exemple monter la pente d'un versant de forêt, il peut regarder en face le chasseur posté derrière cet obstacle, bien que ce chasseur soit installé sur un mirador, à plusieurs mètres au-dessus du sol, et que le gibier ne soit pas contraint à lever la tête. Une telle situation se présente très souvent en montagne, sur les chemins forestiers, lorsque les animaux franchissent les talus bordant

Cette échelle d'affût semble bien intégrée dans l'environnement forestier. Mais lorsque les chevreuils arrivent de l'arrière, le chasseur se présente à eux comme sur un plateau.

ces chemins. Même s'il ne nous identifie pas immédiatement, le gibier ne nous perd pas de vue – et mobilise son odorat en l'orientant vers nous. Il arrive parfois que, dans une telle situation, un animal passe sous notre mirador sans que nous ayons pu bouger et saisir notre arme ou nos jumelles, et que, quelques mètres plus loin, il nous évente quand même…

Des chemins très fréquentés…

La plupart des chasseurs considèrent qu'ils ont tout intérêt à se mettre à l'affût aux endroits où ils ont le moins de chance de rencontrer des promeneurs. Les miradors placés près des routes forestières très fréquentées leur paraissent beaucoup moins attractifs. Lorsqu'un chasseur utilise malgré tout un tel mirador, et qu'il n'aperçoit aucun gibier au cours de sa séance d'affût, il considérera généralement que cette absence de réussite est due à… la route forestière et au public qui la fréquente ! Pourtant, c'est là où ils rencontrent régulièrement l'homme, que les animaux sauvages le fréquentent avec le plus de sérénité. Il est vrai qu'à de tels endroits, les animaux sauvages se présentent rarement aux hommes, parce que beaucoup de ces derniers voudraient Les approcher de trop près. L'homme cherche à se rapprocher de l'animal. Cette tendance est encouragée par le fait que beaucoup d'utilisateurs de la nature sont aujourd'hui équipés d'un téléphone portable qui leur permet de prendre des photos.

Un exemple issu de la pratique : un chemin extrêmement fréquenté par le grand public, le long d'une prairie forestière. Dès que l'herbe a atteint une hauteur de 30 cm, la prairie est, même en plein jour, fréquentée par les chevreuils. Il est relativement rare qu'ils se tiennent dans la partie arrière (marquée « rarement »), bien qu'ils ne soient guère visibles, à cet endroit, par les randonneurs, joggeurs et cavaliers. Les chevreuils se sentent apparemment plus en sécurité dans les parties prairiales habituellement non fauchées (marquée « souvent »). À ces endroits, ils bénéficient d'une meilleure vue aux alentours et peuvent identifier assez tôt quelque danger potentiel, comme un chien libéré de sa laisse. À partir du chemin, on rejoint le mirador grâce à un petit sentier.

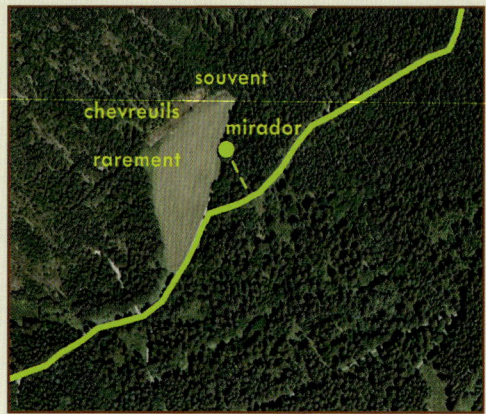

Les animaux sauvages n'ont guère de problèmes lorsqu'il existe des « paravents » végétalisés entre les chemins et les surfaces de gagnage attractives. Il peut s'agir d'une surface en régénération dont la bordure le long du chemin est constituée d'arbres ou d'arbustes buissonnants. Des layons ou limites de parcelles débouchant sur un chemin ou sur une route forestière sont aussi attractifs si un virage empêche que l'on puisse voir ce qui s'y passe à partir du chemin. On peut aussi aménager par des plantations ces layons ou limites de parcelles pour les protéger d'une vision directe à partir du chemin sur lequel ils débouchent. Un tel aménagement est rarement réalisé et s'avère inutile si les layons en question servent régulièrement à évacuer les grumes des parcelles correspondantes.

Les prairies qui jouxtent des routes forestières très fréquentées sont tout de même attractives – au moins pour le chevreuil – si leur superficie est suffisamment grande et que leur végétation est suffisamment haute. Tant que des promeneurs sont susceptibles de fréquenter les routes forestières, les chevreuils se cantonnent généralement sur de très petites parties de ces prairies. Mais dès qu'il fait nuit, ils étendent leur rayon d'action sur l'ensemble de la prairie.

L'utilisation de postes d'affût placés à de tels endroits est recommandée lorsque le chasseur arrive tard. On pourrait dire qu'il se mélange d'abord au public des promeneurs avant de rejoindre en secret son poste d'affût. Pour que cela soit possible, il faut que le poste puisse être rejoint par le chasseur sans qu'il soit vu par le gibier. Le vent joue – tant que les promeneurs sont encore là – un rôle moins important qu'à des endroits plus reculés.

Toujours plus haut

Beaucoup de chasseurs croient qu'ils risquent moins d'être éventés par le gibier lorsqu'ils se trouvent sur des miradors très élevés. Ce n'est pas le cas. Les nappes de brouillard qui, les soirs de fin d'été ou de début d'automne, se détachent du sol nous montrent à quel point la fiabilité du vent est mince. Dans certains versants, le vent trahit même parfois plus vite le chasseur assis sur un haut mirador que s'il était installé sur un mirador peu élevé, voire à même le sol.

Seuls les miradors fermés sont vraiment étanches et évitent au chasseur d'être éventé, à la condition qu'une seule fenêtre (lucarne) soit ouverte. Hélas, la plupart de ces constructions font l'effet d'un corps étranger dans le paysage ! On ne peut pourtant pas y renoncer partout. Elles s'intégreraient souvent mieux dans le paysage si leurs constructeurs en limitaient quelque peu la hauteur et s'ils utilisaient des matériaux adéquats.

En montagne ou dans des régions simplement vallonnées, des postes d'affût au sol – permettant d'être recouverts d'un toit – remplissent le même usage que des miradors ou des échelles d'affût. Ils permettent qu'on y accède et qu'on les quitte de façon plus discrète.

Ce qui est sûr, c'est que sur des postes d'affût élevés, on bénéficie le plus souvent d'une vue plus étendue que sur des constructions plus basses. Cela constitue une raison valable pour opter pour une construction élevée dans certains cas. En lisière de forêt de plaine, le champ de vision sur les côtés est d'autant plus restreint que les constructions d'affût sont hautes. Nous ne pouvons, en effet, pas élaguer l'intégralité des arbres.

> **À NOTER !**
> Le vent ne garde pas toujours la même distance par rapport au sol : il tourbillonne, se déchire et se mélange !

Typique : un mirador construit en lisière de forêt, si possible assez haut à cause du vent. L'élagage des arbres s'impose, à droite comme à gauche.

Le même mirador deux ans plus tard : les branches surmontant l'habitacle utilisent l'espace dégagé en dessous d'elles et penchent vers le bas. À droite comme à gauche, le champ de vision se rétrécit.

La stabilité du plancher

Pour les échelles d'affût, il faut faire attention à quelque chose d'autre, surtout si l'on veut aussi utiliser ces échelles pour la chasse en battue : la stabilité du plancher ! Il n'y a que sur un plancher stable que l'on peut se tenir debout en toute sécurité, notamment lorsqu'on est obligé de se retourner pour tirer vers l'arrière. L'idéal est une planche d'une largeur dépassant la longueur de nos chaussures. Ou alors il faut au moins que le dernier barreau de l'échelle soit double. Je dois avouer qu'en ce qui me concerne, j'aurais pu éviter de manquer certains tirs si mon échelle avait été munie d'un plancher plus stable.

La mobilité est à la mode

Ce qui vaut pour la vie quotidienne est aussi très « branché » à la chasse. Celui qui ne veut pas d'une multitude d'installations d'affût peut utiliser des installations mobiles.

Les chasseurs qui bénéficient d'un droit de chasse annuel sur un lot déterminé l'ont compris depuis longtemps. Ils n'ont pas intérêt à équiper à leurs frais un lot de chasse qu'ils ne sont pas sûrs de retrouver l'année suivante. Ils peuvent, dans ce cas, se procurer une ou deux échelles pliantes, à transporter dans le coffre ou sur le toit de leur voiture.

Ces échelles sont en général plutôt intéressantes, notamment lorsqu'on peut, comme nous l'avons évoqué plus haut, observer une grande superficie du territoire à partir d'un point surélevé de ce dernier et que l'on veut éviter une succession d'échelles.

Dans les peuplements forestiers irréguliers, proches de la nature, les échelles d'affût de ce type sont utiles : on regarde du haut, dans le sous-étage produisant un effet de parapluie. Le champ de vision effectif ne cesse de se réduire avec la croissance des arbres !

Généralement, les animaux traversent les versants forestiers en diagonale. Aussi est-il préférable de construire les miradors sur la rupture supérieure de la pente : le gibier qui arrive du bas ralentit sa progression quand il s'approche du haut ; le gibier qui descend ralentit, lui aussi, lorsqu'il s'approche de la rupture de pente (le manque de vue le rend méfiant).

On a repéré les endroits où le gibier vient au gagnage, on y installe une échelle pliante et... on déplace à nouveau celle-ci dès qu'on a connu le succès.

Protection contre le vol

Des chasseurs m'ont dit qu'ils ont renoncé aux échelles d'affût mobiles, car celles-ci leur étaient régulièrement volées. De tels vols ne se produisent guère si l'on évite d'installer ces échelles au bord d'un chemin ouvert à la circulation, si l'on veille à les attacher à un arbre au moyen d'une chaîne cadenassée et à ne pas les laisser en place trop longtemps.

On peut construire assez facilement soi-même de petites échelles mobiles basses au moyen de chevrons, de bois rond ou de perches d'épicéa sèches. Souvent une hauteur de deux mètres s'avère déjà suffisante.

La bonne vieille canne-siège

Ce n'est plus qu'aux battues que nous trouvons encore aujourd'hui les bonnes vieilles cannes-sièges. En fait, celles-ci sont aussi utiles en chasse individuelle. D'ailleurs, autrefois on s'en servait partout. Leurs forme et modèle importent peu. Même les sièges-trépieds ou ceux qui sont solidaires d'un sac à dos rendent bien service, surtout en forêt. Mais le chasseur qui veut se poster au sol devra quand même veiller à se camoufler un peu. Il y parviendra avec un filet de camouflage, qui devrait figurer dans l'ordinaire de son équipement. Pour le fixer, il trouvera aux alentours deux ou trois longues branches sèches ou bâtons de noisetier. Il lui restera à trouver un moyen pour pouvoir prendre appui – latéralement – avec son arme : soit

Les miradors métalliques s'intègrent mal dans l'environnement forestier. Mais ils sont très pratiques en tant qu'installations complémentaires, car ils sont facilement déplaçables.

Sur les territoires de chasse de plaine, où les sangliers font régulièrement des dégâts aux cultures, les petits miradors fermés et montés sur roues sont très avantageux. On peut les déplacer facilement et tenir compte de la direction du vent lorsqu'on les met en place.

EXEMPLE 1 TIRÉ DE LA PRATIQUE.
Le sentier de pirsch menant au mirador passait, depuis des décennies, à travers le peuplement forestier (ligne jaune en pointillés). Quelle que fût la direction du vent, les chevreuils percevaient la présence du chasseur. On voyait de moins en moins de gibier. Lorsque le sentier menant au mirador a traversé la prairie (ligne rouge en pointillés), les chevreuils se sont à nouveau montrés. Lorsque, au cours d'une séance d'affût, des 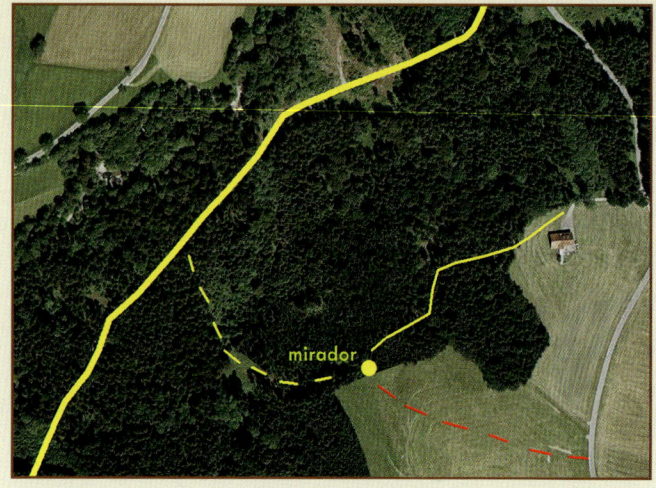 chevreuils s'installent sur la prairie, le retour du mirador s'effectue par la forêt (ligne continue jaune). Lorsqu'aucun gibier n'apparaît, le retour s'effectue, comme l'aller, à travers la prairie. Pour l'affût du matin, on opère de façon inverse, à l'aller comme au retour.

EXEMPLE 2 TIRÉ DE LA PRATIQUE.
À l'origine, le sentier de pirsch menait du chalet de chasse aux deux installations d'affût situées en bordure de la prairie d'alpage en passant par le peuplement forestier (ligne en pointillés). Depuis quelque temps, le trajet-aller vers les miradors s'effectue, pour l'affût du soir, par une route forestière et par la prairie (ligne continue). Lorsque, à la tombée de la nuit, le gibier se tient déjà sur la prairie, le 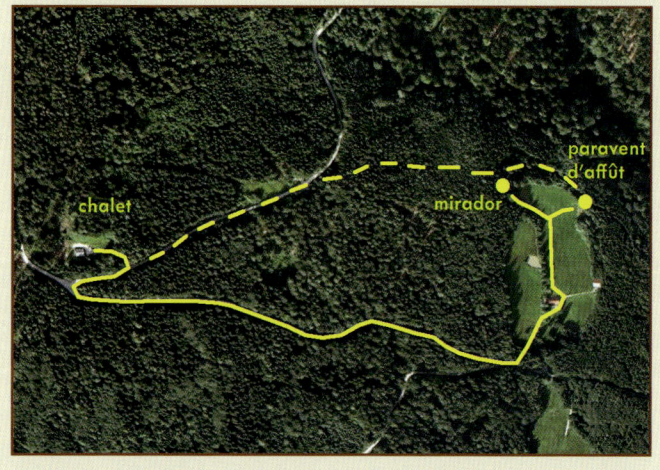 retour s'effectue par l'ancien sentier de pirsch traversant la forêt (ligne en pointillés). Lorsque, à ce moment-là, le gibier se tient encore dans le peuplement, le retour s'effectue, comme l'aller, par la prairie (ligne continue). Pour l'affût du matin, on opère de façon inverse, à l'aller comme au retour.

s'asseoir derrière un arbre dont le tronc est encore assez fin pour ne pas gêner sa vue, soit disposer d'un bâton de pirsch qui lui permet de prendre appui.

Sur les territoires de chasse au sanglier, les postes d'affût montés sur roues sont particulièrement utiles, aussi bien en plaine que dans un layon forestier où l'on pratique l'agrainage-appât. À partir de ces postes mobiles, l'on peut aussi tirer d'autres espèces de grand gibier, notamment le renard. Pour photographier le gibier, ils sont aussi très pratiques. Comme le montre la photo à la page 91, ces postes d'affût mobiles et montés sur roues, s'ils sont construits avec un minimum de soin, ne gâchent pas plus le paysage agricole qu'un mirador habituel. De plus, si on les équipe d'un petit poêle et d'une cheminée, ils permettent aussi au chasseur de se mettre à l'affût en hiver, lorsqu'il fait très froid.

> **À NOTER !**
> Un mirador ne doit pas toujours être haut, mais doit avant tout se trouver à la bonne place !

Comment y arriver ?
Comment en repartir ?

Lorsque nous planifions et utilisons des installations d'affût, nous ne pensons pas assez aux difficultés que nous pouvons rencontrer pour y accéder et pour en repartir sans déranger le gibier. Préoccupés par l'idée d'être toujours à couvert, nous faisons comme si le gibier ne nous percevait qu'avec ses yeux. Si nous nous mettons à l'affût, le soir, en lisière de forêt, il vaut mieux aller à notre poste à travers les champs, plutôt que venir de l'arrière, à travers la forêt. Au retour, ce sera plutôt l'inverse. Quand c'est possible, il faut envisager des variantes plus pratiques.

Pour moins déranger le gibier au retour et qu'il ne me repère pas, je dois faire attention à l'endroit où je l'ai vu au cours de l'affût et là où il se trouve au moment où je descends du mirador. Les réflexions de ce type sont importantes si une installation d'affût est utilisée fréquemment. En règle générale, les installations qu'on utilise le plus souvent sont celles qui se trouvent en lisière – intérieure ou extérieure – d'une forêt. Dès que leur état ne permet plus de les utiliser, elles sont souvent remplacées par de nouvelles installations. Des générations de cerfs et de chevreuils ont eu l'occasion de découvrir la dangerosité de telles installations et de transmettre leurs expériences vécues aux générations suivantes. À l'intérieur des peuplements forestiers, les miradors et autres postes d'affût restent généralement moins longtemps au même endroit, car le paysage forestier, donc les conditions de visibilité et l'attractivité de cet endroit, se modifient continuellement.

Là où c'est réalisable, nous devrions prévoir deux possibilités de trajet-retour d'une installation d'affût. Le trajet que nous emprunterons dépend de la direction du vent, et du fait que le gibier a, ou non, déjà passé près de nous. Cette double possibilité de trajet-retour n'existe pas toujours ni partout.

Si nécessaire, annoncer la couleur

Notre persévérance à rester au poste, ainsi que l'art et la manière de quitter celui-ci, constituent des questions qui méritent d'être abordées. Les améliorations de la performance des optiques de chasse nous incitent à rester toujours plus longtemps à notre poste d'affût. Il y a 100 ans, lorsque l'on tirait encore avec des armes à visée ouverte, l'on rentrait à la maison à l'heure à laquelle certains chasseurs stressés quittent aujourd'hui leur domicile ou leur bureau pour effectuer une sortie sur le terrain. De nos jours, nous restons souvent au poste jusqu'à ce qu'il fasse nuit noire. Nous tenons absolument à voir du gibier. Notre slogan est le suivant : les animaux finissent toujours par arriver ! Mais s'ils ont eu, au sens propre du terme, vent de nous, ils ne s'empresseront pas de sortir de leurs remises. Ils peuvent sortir à un tout autre endroit. Il se peut aussi qu'ils ne sortent pas du tout. Dans tous les cas, ils attendront que nous nous soyons éloignés. Quel que soit le cas de figure, plus nous persévérerons à rester à notre poste, plus il y aura de chances que le gibier se trouve à proximité de nous et qu'il s'aperçoive de notre présence. Et les animaux risqueront alors de régler leurs habitudes sur notre heure de départ tardive.

> **À NOTER !**
> Le gibier a le temps, pas nous !

Même si l'on a bien intériorisé ces réflexions, il peut arriver que nous restions quand même au poste. Nous nous accordons encore dix minutes, puis cinq minutes, etc. Il se peut que nous entendions les animaux bouger à l'intérieur du peuplement forestier, ou que notre chien couché sous le mirador nous les signale. Parfois nos calculs s'avèrent exacts et nous réussissons à tirer. Il se peut aussi que nous voyions le gibier sortir de sa remise, mais que, l'obscurité ayant commencé à s'installer, nous n'ayons plus la possibilité de tirer. Dans tous les cas, il nous faudra, à un moment ou à un autre, descendre du mirador et nous en aller. Nous sommes presque toujours repérés par le gibier à ce moment-là. Aussi, lorsque nous partons tard, nous pouvons très bien annoncer la couleur. Peut-être réussirons-nous à descendre du mirador sans nous faire voir et à rejoindre la prochaine route forestière ? En tout cas, au cours du chemin vers la voiture ou le chalet de chasse, un peu de conversation ne fera pas de mal.

D'ailleurs, même les randonneurs qui descendent de la montagne dans l'obscurité en conversant, dérangent moins le gibier que ceux qui marchent en silence. Le gibier perçoit toujours leur présence, d'une manière ou d'une autre. Mais les muets lui procurent une impression plus désagréable et inquiétante que les bavards. Il contrôle en quelque sorte ces derniers. Le randonneur qui parle est comparable au chien de chasse qui mène à voix. Le chasseur qui pirsche en silence est comparable au chien muet. Le chasseur solitaire qui se faufile en direction de sa voiture est autant repéré que le randonneur qui parle, mais il est beaucoup plus inquiétant pour le gibier. Aussi, pourquoi ne pas converser à haute voix avec soi-même ? Certains auront aussi moins peur du lynx ou du loup...

Naturellement, le chasseur qui se fait passer pour un randonneur, et qui chante ou déblatère allègrement en marchant, sera identifié par le gibier. Ce dernier fera la différence entre un vrai et un faux randonneur et constatera certaines coïncidences. Là aussi, il s'agit d'appliquer un principe essentiel : éviter de donner des leçons au gibier !

Renard, fouine, martre et Cie

Les galeries régulièrement utilisées par des blaireaux se reconnaissent aux tas de terre qui se forment à la gueule du terrier.

À la chasse sous terre, il ne faudrait utiliser qu'un chien à la fois. Ici, la mère et la fille viennent de travailler ensemble.

Au terrier

Le renard fascine de nombreux chasseurs, même si les intérêts des uns et des autres pour cette espèce s'avèrent bien différents. Certains, pensent qu'ils sauveront le petit gibier en tirant un maximum de renards. D'autres tirent des renards dont ils jettent ensuite la dépouille, simplement parce que cela leur plaît. Une autre catégorie de chasseurs – moins nombreuse – veut, en plus du plaisir de la chasse, récolter des peaux en bon état, les faire tanner, les vendre ou les valoriser d'une autre manière.

Ce dont il va être question dans ce chapitre ne concerne que les chasseurs qui aspirent à une chasse passionnante, et non ceux qui voudraient éliminer un supposé concurrent.

Pour le tir du renard que l'on fait sortir d'un terrier situé dans un peuplement forestier serré (fourré, gaulis), il ne faut pas se poster directement à la gueule du terrier, mais entre celui-ci et le prochain fourré. Si nécessaire, il faut fermer un côté avec un «fantôme» (manteau ou autre vêtement).

Il vaut mieux éviter d'être plus de 2 chasseurs. Il est même préférable d'être seul. Il faut tenir compte du vent et se placer de façon à ne pas voir directement dans la gueule du terrier (pour ne pas être immédiatement repéré par le renard).

Lorsque le renard est poussé hors de son terrier, il prend le chemin le plus court qui le mène au prochain fourré. Si le chien travaille de façon autonome, le chasseur n'est pas tenu à se poster tout près du terrier.

RENARD, FOUINE, MARTE ET CIE

> **À NOTER !**
> C'est aussi lorsque leur pelage est le plus beau, que les renards se tiennent au terrier en cours de journée !

Dans les temps anciens, déjà, on chassait les renards au terrier, avec ou sans chiens. L'on se poste près d'un terrier et l'on attend qu'un renard y entre ou en sorte. Il suffit de savoir à quel moment les renards manifestent cette volonté...

C'est le cas à partir du mois de novembre jusqu'à ce que la période du rut soit terminée. Ensuite, on ne rencontre quasiment plus que des renardes au terrier. Pendant le rut proprement dit, les terriers sont bien fréquentés, mais il arrive qu'ils soient vides, car les renards en rut passent souvent d'un terrier à l'autre.

Les yeux dans les yeux

Pour se mettre à l'affût près d'un terrier, il faut un mirador placé de manière à ce que le renard qui sort de son trou ne le voit pas de face. Il faut se mettre au poste tôt dans l'après-midi et bien se concentrer. Avant de sortir de leur galerie, les renards se tiennent aux aguets et, le plus souvent, ils ne s'attardent guère à l'entrée du terrier dès qu'ils en sont sortis. Lorsqu'il fait beau, il arrive que les renards se prélassent l'après-midi au soleil, devant l'entrée du terrier. Lorsqu'ils sont dérangés, la plupart d'entre eux ne rentrent pas au terrier, mais s'en éloignent !

> **À NOTER !**
> Au lever du jour, le renard vient de la plaine pour aller en forêt. Le chasseur doit donc se poster en conséquence !

On peut aussi se mettre à l'affût du renard au lever du jour. Mais maître Goupil, trottant à travers bois en direction de son terrier, risque de tomber sur notre trace fraîche.

Avec la traînée

En hiver – notamment en période de lune croissante –, les traînées peuvent être utiles, à condition qu'il y ait de la neige ou, au moins, du givre. Pour choisir son poste d'affût, il faut non seulement penser au vent, mais aussi à la longueur de l'ombre, très importante en début de soirée.

Le chien montre que le terrier est occupé. Trois minutes plus tard, le renard était mort...

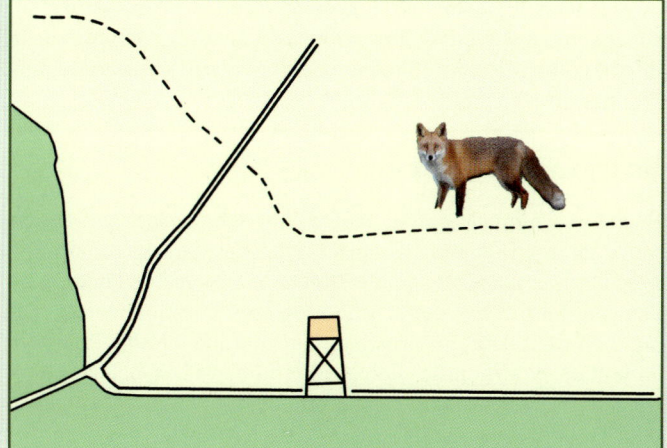

Il ne faut jamais poser les traînées en bordure de forêt, mais à l'extérieur, en plein champ. Ainsi le chasseur, posté à une distance suffisante, est-il avantagé par rapport au renard.

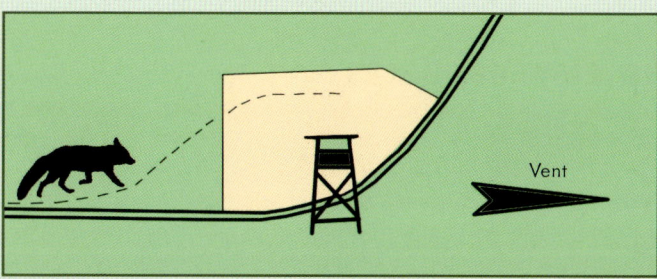

Exemple : pour terminer une traînée en forêt, il vaut mieux le faire à un endroit bien dégagé (culture, prairie) et ne pas tirer l'appât sur un chemin, car les branches tombant des arbres risquent de diminuer le champ de vision du chasseur.

Ce qui convient le mieux pour l'appât à traîner, ce sont les viscères du gibier : on les place dans un filet (utilisé pour l'emballage des oignons ou des pommes de terre) et on tire cet appât derrière soi, au bout d'une ficelle. Une fois arrivés devant notre poste d'affût, nous vidons le contenu du filet en l'éparpillant autour de nous. Nous pouvons y ajouter, en les jetant largement à la volée, une poignée de granulés pour chiens. En novembre ou décembre, il faut déjà être à son poste à 16 heures. Parfois les renards arrivent de bonne heure. Il vaut mieux éviter que maître Goupil arrive dans notre dos, car, dans ce cas, c'est lui qui nous perçoit en premier. Aussi posons-nous la traînée à travers champs, de l'extérieur vers nous. Nous évitons de traîner notre appât le long de la lisière de la forêt : le renard est alors plus méfiant qu'en plein champ, et souvent nous ne le voyons pas arriver car nous sommes gênés par les branches des arbres, à droite et à gauche de notre poste.

En forêt, les traînées qui éveillent le moins de soupçons de la part du renard sont celles que l'on pose sur les chemins très fréquentés (attention : il faut éviter de laisser des traces de sang au sol). Mais ces traînées ne doivent pas se terminer à droite ou à gauche du poste d'affût. Les chasseurs droitiers éprouvent souvent quelques difficultés à tirer à droite. Et l'on bouge trop la tête. Il faut s'installer de manière à apercevoir le renard le plus tôt possible !

Un très vieux « truc »

Pour être complet, il nous faut mentionner encore un « truc » vieux comme le monde. On prélève la vessie d'une renarde et, avec l'urine récupérée, on effectue un marquage de l'endroit où l'on veut faire venir les renards. L'on peut aussi utiliser la vessie d'un mâle, car, en principe, tout marquage olfactif suscite l'attention des renards. Autrefois, on enlevait la peau de tout renard tiré. Aujourd'hui, c'est plutôt l'exception. C'est la raison pour laquelle on ne prélève plus guère les vessies des renards.

À NOTER !
Celui qui, le premier, découvre l'autre est le « vainqueur » !

Le relevé des traces

Autrefois, dès que la neige était tombée, le chasseur parcourait son territoire de chasse pour y relever les empreintes du gibier. Aujourd'hui, soit notre activité professionnelle ne nous permet pas de le faire, soit notre intérêt pour le relevé des traces n'est plus suffisant. Pourtant, à chaque nouvelle neige, nous pouvons découvrir une infinité de choses ! Lorsqu'il fait doux, dans les régions de plaine, ou en montagne, la neige a souvent déjà fondu à midi. Mais le matin, le chasseur peut voir les coulées qu'emprunte le renard, et les endroits où il va se cacher. Les tas de bois ou de paille sont des endroits où le renard, la martre et la fouine aiment à se cacher.

Les prédateurs peuvent se cacher partout

Mentionnons aussi les granges, les réserves à paille ou à tourbe – là où elles existent encore –, et toutes ces constructions iso-

Ici, règne une odeur de fouine. Une grange, un tas de bois : il y fait bien sec et la forêt n'est pas loin. Il n'est point besoin d'attendre l'arrivée de la neige pour s'y mettre à l'affût.

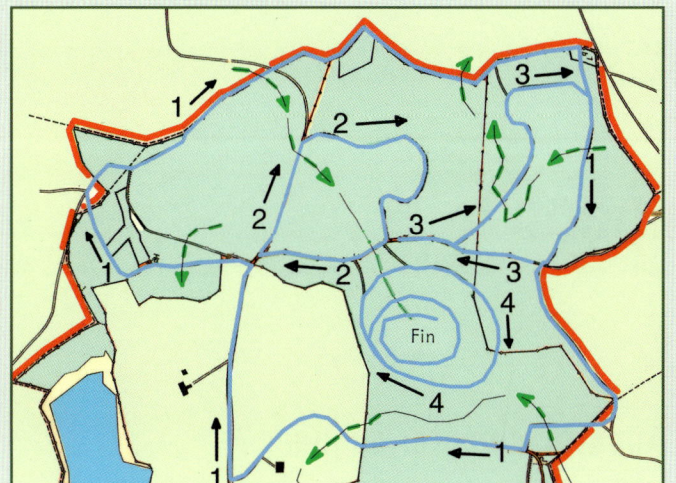

Pour rembucher le gibier par temps de neige, on commence par faire le tour (à pied ou en voiture) des limites extérieures du territoire de chasse en notant toutes les empreintes de pied (vol-ce-l'est) des différentes espèces de gibier : les entrées comme les sorties. Ensuite, on affine cette recherche en effectuant des cercles plus restreints, afin de localiser très précisément la parcelle où le gibier s'est remisé.

lées que l'on trouve à la campagne ou à la montagne. Les renards et les mustélidés les visitent régulièrement. Ces prédateurs peuvent se cacher partout. Nous nous tiendrons à distance de ces lieux qui peuvent les abriter. Ne nous approchons pas de la grange où nous pensons rencontrer quelque prédateur, mais contournons l'édifice à bonne distance. Ainsi sommes-nous à peu près certains que la fouine qui s'y cache s'y trouvera encore l'après-midi ou le soir. Cela nous laisse un peu de temps pour prévoir, éventuellement avec l'aide d'un ami, de faire sortir la fouine de sa cachette. Ou bien nous nous postons tout seul à l'affût quand arrive le soir. Autrefois, lorsqu'une fouine ou un renard était ainsi rembuché, on disposait un « fantôme » devant la grange concernée : on plantait un bâton en terre, on y accrochait un manteau ou une veste, que l'on coiffait d'un chapeau. On espérait que la fouine se méfierait de cet épouvantail nouveau venu. Aujourd'hui, nos campagnes sont tellement peuplées, que cette opération ne serait plus guère possible : nos habits disparaîtraient rapidement – si tant est qu'on n'irait pas jusqu'à prévenir la police...

Les renards aiment se cacher sous les baraques en bois. Si nous faisons appel à notre chien pour faire le pied, nous pourrons localiser le renard, et la fouine : ils ne nous échapperont pas au cours de la journée. Mais si le renard se cache dans une buse d'écoulement d'eau passant sous un chemin, il prendra le large dès que le danger lui semblera écarté. Si l'on est accompagné d'un chien déterreur (teckel, terrier...), l'on pourra l'utiliser pour faire sortir maître Goupil de sa cachette.

« Corruption »

Appâter, compter ou juger ?

L'agrainage-appât ne doit pas servir uniquement au tir du gibier. Le chasseur peut aussi le mettre à profit pour récolter des informations concernant la présence de telle ou telle espèce gibier sur son territoire de chasse ou dans certains secteurs de ce dernier. Dans beaucoup de régions ou de pays, l'agrainage du grand gibier a été limité – par voie législative ou réglementaire – à celui du sanglier, avec des prescriptions touchant à la quantité d'aliments distribués, ainsi qu'aux modes de distribution autorisés. Dans un premier temps, c'est la pratique du tir sur la place d'agrainage qui était visée par la loi. Aujourd'hui c'est le risque de favoriser le développement des populations de sangliers par l'agrainage qui est surtout visé. Quant au recours à l'agrainage-appât pour le tir des cerfs et chevreuils, il est aujourd'hui interdit dans la plupart de nos régions et pays.

Pourtant, si le chasseur place trois ou quatre betteraves à un endroit où le gibier ne peut pas être tiré, on peut difficilement parler ni d'agrainage-appât, ni d'affouragement.

Traces de dents

Où donc faut-il placer ces betteraves ? Peut-être le chasseur a-t-il remarqué la présence de cerfs et biches sur son territoire de chasse, où normalement l'espèce cerf n'est absolument pas tolérée ? Peut-être les traces de pas étaient-elles envahies de végétation ou submergées d'eau, à tel point que le chasseur n'était pas certain qu'il s'agissait bien de grands cervidés ? Avec quelques betteraves judicieusement posées à des endroits définis, le gibier peut révéler son identité par ses traces de dents ou par quelques vols-ce-l'est reconnaissables à proximité. Avec des betteraves, on peut aussi constater la présence de castors, de ragondins et de rats musqués. Quelques pommes dispersées dans un perchis d'épicéas peuvent attester la présence de chevreuils, etc.

Pour réaliser le plan de chasse de chevreuils dans des forêts proches de la nature, avec d'épaisses régénérations et sans coupes à blanc, l'agrainage-appât peut parfois s'avérer utile.

Agrainer : où ? Quand ? Qui ?

L'agrainage du sanglier est – parfois avec certaines restrictions – autorisé pratiquement partout, ce qui n'est pas le cas pour le cerf et le chevreuil. L'agrainage doit-il servir avant tout au gibier ou au chasseur ? Cela dépend de l'endroit où il se pratique. Pour le sanglier, l'agrainage devrait se pratiquer dans les remises ou à côté de ces dernières. Dans tous les cas, les sangliers doivent pouvoir arriver à couvert sur la place d'agrainage. Ils aiment vérifier à partir du couvert lui-même s'il n'y a pas de danger devant eux. Les chevreuils ne sont pas aussi sensibles. Par temps de neige, ils vont aussi à l'agrainage sur une prairie ou une coupe forestière. Quant aux cerfs et biches, il faut s'interdire de les tirer aux places d'agrainage. En effet, le plan de chasse des biches et des faons peut très bien se réaliser en battue. D'autre part, une place d'agrainage où l'on vient de tirer un cerf ou une biche sera délaissée pendant de longues semaines par les grands cervidés.

À NOTER !

L'agrainage-appât des animaux sauvages dans le but de pouvoir tuer ces derniers est infiniment plus ancien que notre vocabulaire et nos traditions cynégétiques !

Un layon d'environ 200 mètres de long servant à l'agrainage au milieu d'un peuplement de pins. Les points d'agrainages sont placés les uns derrière les autres. Il serait préférable de diminuer de moitié la longueur du dispositif d'ensemble et d'en doubler la largeur. Cela aurait l'avantage d'augmenter la lumière, ainsi que les possibilités d'observation des réactions des animaux après le coup de feu. De plus, on diminuerait le risque de tuer involontairement ou de blesser un autre animal par un éclat de balle.

L'agrainage-appât du sanglier

Les places d'agrainage de sangliers sont généralement disposées sur des lignes de parcelles ou en bordure de chemin. Soit on agraine à un seul endroit, soit à des endroits différents placés – dans la perspective du chasseur – les uns derrière les autres. Une place d'agrainage de sangliers sera plus vite et mieux prise par ces derniers si elle est étroite, et sombre. Les inconvénients sont alors l'importance des parties ombragées et la courte distance de fuite des animaux vers l'intérieur de la remise. De plus, les sangliers d'une même compagnie se recouvrent mutuellement et ceux qui se trouvent un peu en retrait ne sont pas toujours vus à cause du manque de lumière. Après un coup de feu, le tireur, ébloui par la flamme surgissant du canon de son arme, perd momentanément de vue l'animal sur lequel il a tiré et ne voit pas sa réaction. Au bout de quelques secondes à peine, celui-ci a déjà pénétré dans le fourré. L'animal est-il sain ou blessé ? Le chasseur ne peut pas le savoir.

Aujourd'hui, sur beaucoup de territoires de chasse en forêt, on tire le sanglier aux places d'agrainage. On le justifie généralement en évoquant la grande quantité actuelle de sangliers. Qu'il nous soit permis de poser la question suivante : comment peut-on maintenir les sangliers en forêt, si, même la nuit, ils n'y trouvent plus la tranquillité ? Il est vrai que l'agrainage-appât peut contribuer au tir des laies non suitées. Il peut aussi, là où l'espace forestier est restreint, se pratiquer l'été. Mais l'on aura intérêt à renoncer au tir aux places d'agrainage en forêt tant que les céréales (maïs, blé, etc.) qu'apprécie particulièrement le sanglier n'auront pas été récoltées. S'il l'on pratique malgré tout l'agrainage-appât, il faudrait le faire uniquement en lisière de forêt, là où les cultures agricoles sont menacées par les dégâts.

Les places d'agrainage doivent être le plus large possible, pour ne pas devoir disposer les points d'agrainage les uns derrière les autres. Les sangliers se dispersent alors davantage : l'on risque moins d'en blesser un par un éclat de balle.

Les aliments servant à appâter les chevreuils doivent toujours être disposés à au moins 10 mètres de la lisière de la forêt, de façon à ce que les animaux ne soient pas placés devant un arrière-plan sombre et que leurs réactions pendant et après le tir puissent être convenablement observées.

Dans les forêts proches de la nature, il n'existe guère d'endroits bien dégagés sur lesquels on puisse chasser. Souvent les postes d'affût sont installés au bord des chemins, que les animaux franchissent très rapidement. Là où c'est permis, on peut amener les chevreuils à s'arrêter en disposant un peu de maïs ou des herbes très odorantes comme du persil ou de la livèche.

Dans le choix d'un endroit destiné l'agrainage-appât, il faut impérativement – et indépendamment de l'espèce gibier concernée – tenir compte des points suivants :

- La distance entre les aliments servant d'appât et le couvert forestier doit être au moins de dix mètres, sans prendre en compte l'ombre de la lisière forestière.
- Le gibier doit se détacher sur un sol clair et être entouré de celui-ci.
- La distance entre deux points où des aliments sont disposés au sol doit au moins correspondre à la longueur cumulée du corps de deux animaux concernés.

« CORRUPTION »

À NOTER !

- Ne pas prévoir plus d'une (au maximum deux) places d'agrainage-appât pour 100 hectares.
- Ne se mettre à l'affût qu'à partir du moment où les aliments-appâts sont bien consommés.
- Si possible tirer en même temps la chevrette et son chevrillard.
- Après chaque séance d'affût couronnée de succès, instaurer une période de pause cynégétique.

Là où l'agrainage-appât du chevreuil est autorisé, on utilise généralement les marcs de pommes. Celui-ci est en principe très bien consommé par notre petit cervidé. Lorsque la densité de chevreuils n'est pas très importante, les marcs ne sont souvent pris qu'à partir d'un fort gel ou d'une bonne couche de neige. Si possible, on installe ces places d'agrainage-appât pour chevreuils là où il s'agit de protéger la régénération forestière. L'attractivité des places d'agrainage augmente avec leur rareté ! Les chevreuils arrivent plus tard si l'on y chasse souvent. Parfois, lorsque les miradors sont fréquemment occupés, les chevreuils n'arrivent que tard dans la nuit. À six heures du soir, il fait nuit, mais, comme il y a de la neige, le chasseur reste sur son mirador jusqu'à vingt heures. Il voudrait savoir quelle est le gibier qui vient manger. Or rien ne vient, et pourtant, le lendemain matin, on distingue des traces de chevreuil à côté des marcs de pommes ! Et là encore, certains diront que nous n'augmentons pas notre pression de chasse ! Une chasse pourtant si intensive que les chevreuils se sont transformés en véritable espèce nocturne, au point de se méfier de la neige qui éclaire la place d'agrainage. Une chasse que l'on n'hésite pas à considérer aujourd'hui comme proche de la nature ! Il suffit pourtant de s'imaginer un lynx qui investirait plus d'énergie dans sa chasse que ce que celle-ci lui rapporterait...

Comment nos ancêtres se seraient-ils comportés ? Auraient-ils – sans bénéficier de notre actuel confort – passé cinq ou six nuits blanches pour tirer un misérable chevrillard ? N'auraient-ils pas mangé autre chose ?

On peut aussi pratiquer l'agrainage-appât avec des pommes, dès le mois de septembre. Cela n'est pas nécessaire si notre territoire de chasse comporte des pommiers sous lesquels les chevreuils viennent se servir eux-mêmes. Les pommiers se trouvent généralement à proximité des villages. Il se peut que les chevreuils ne s'en approchent que le soir, lorsqu'il fait nuit.

Lorsque le chasseur ignore vers quel endroit les chevreuils s'en retournent au petit matin, il peut faire travailler son chien sur la voie des animaux convoités.

Il est absurde de prétendre qu'un chien que l'on ferait travailler de temps en temps sur la voie chaude d'un chevreuil serait inutilisable sur la voie du gibier blessé. Ici, notre chien nous indique l'endroit où nous avons quelque chance de rencontrer, le soir, et avec une luminosité suffisante, les chevreuils qui viennent s'alimenter sous les pommiers.

Le cerf et le sanglier viennent aussi manger des pommes. Quant aux chevreuils, ils consomment des grains de maïs : nous pouvons les observer, lorsqu'ils viennent, l'été, sur les places d'agrainage des sangliers.

Lorsque le chien aura trouvé une ou deux fois une fouine cachée dans ce tas de bois, il contrôlera automatiquement ce dernier chaque fois qu'il passera à proximité.

Même lorsqu'il y a beaucoup de neige, nous pouvons atteindre facilement notre poste d'affût situé près du village.

À 15 mètres de la grange se trouve un vieux poirier : nous y appâtons les fouines en coinçant quelques raisins secs dans l'écorce du tronc ou sur la fourche en haut de celui-ci.

Le renard et la fouine

Ceux qui dénoncent l'agrainage-appât des chevreuils parce qu'ils le considèrent comme contraire à l'éthique de la chasse n'ont guère de scrupule à tirer des martres et des fouines à la place d'agrainage des sangliers et à abattre des renards en les appâtant avec quelque charogne. Certes, il y a peu de chasseurs qui tirent des martres et des fouines à la place d'agrainage. Beaucoup d'entre nous ne savent même pas que cela est possible. L'affût hivernal du renard à proximité d'une charogne ne rencontre pas non plus autant de succès qu'autrefois. Nombreux sont aujourd'hui les chasseurs qui préfèrent tirer des renardeaux en été, et les jeter dans la benne à ordures...

On demande des vergers

Autrefois, l'on appâtait les fouines à proximité immédiate des fermes et des étables. On le faisait de manière très efficace sur les toits enneigés. Aujourd'hui, de telles pratiques seraient le plus souvent contraires à la réglementation en vigueur... En tout cas, dans ma jeunesse, on utilisait de préférence des fruits séchés comme des quetsches, des morceaux de poires, des figues ou des raisins secs. L'on parvenait plus facilement à tirer une fouine si ces fruits ou morceaux de fruits étaient petits. Lorsqu'ils étaient plus grands (figues ou poires entières par exemple), les fouines s'en emparaient et les emportaient à la vitesse de l'éclair. L'on n'avait même pas le temps de tirer. À vrai dire, la solution idéale consistait à utiliser des raisins secs. Hélas, ils étaient si légers qu'on ne pouvait pas les lancer sur des toits très hauts.

Au début, procéder au compte-gouttes

Il n'y a guère de problèmes réglementaires aujourd'hui lorsqu'on appâte les fouines en-dehors des fermes et des maisons. Il existe souvent encore des vergers à l'arrière des fermes et des villages. Les fouines aiment particulièrement les visiter. Au début, il faut en quelque sorte procéder au compte-gouttes et agrainer tout autour des arbres : les oiseaux viennent picorer – ce qui attire leurs prédateurs. Dès que les fouines viennent régulièrement sur l'arbre, l'on coince sous l'écorce de ce dernier quelques raisins secs ou autres petits morceaux de fruits. Si l'arbre dispose, sur son tronc ou sur une de ses branches, d'un trou provenant d'un nœud, on pourra y étaler, ainsi que sur l'écorce tout autour, un peu de miel au moyen d'un copeau de bois. Le miel sent relativement fort et les fouines l'apprécient, mais les grives et autres oiseaux ne l'emportent pas. Il faut qu'on puisse installer un poste d'affût non loin de l'arbre concerné. L'idéal étant que l'on puisse aussi bénéficier de la lumière de quelque lanterne éclairant une route ou une ferme.

À NOTER !
C'est dans les grandes villes que l'on rencontre les renards les moins méfiants !

Les lisières de forêt sont aussi régulièrement visitées par les fouines, voire par les martres. Les tas de bois de chauffage enstéré qui s'y trouvent se prêtent particulièrement à l'agrainage-appât des mustélidés. Lorsqu'il n'y en a pas, on peut facilement en installer un tas. On obstrue soigneusement les interstices sur la façade arrière avec de la mousse et des brindilles, afin que les fouines ne puissent pénétrer dans le tas de bois que par l'avant. On glisse des fruits ou morceaux de fruits entre les bûches. Là aussi, nous pourrons tirer plus facilement si les morceaux de fruits-appâts sont petits : la fouine mettra plus de temps à les découvrir.

Nous pourrons aussi jeter quelques poignées de grains de céréales sur le tas de bois, afin d'y attirer les souris. Cela pourra intéresser un renard passant par là.

Tout est interdit

Aujourd'hui, la réglementation sanitaire en vigueur complique quelque peu la pratique consistant à appâter les renards. Dans la plupart des pays européens, nous n'avons plus le droit de placer dans la nature des animaux morts ou des restes de nourriture. Certes, les quelques têtes de truites fumées que le chasseur jette dans l'herbe haute à l'endroit où il appâte les renards passent inaperçues. Mais cela est interdit ! Il en est de même des restes de côtelettes du repas de midi. Pourtant, théoriquement au moins, nous avons la possibilité d'utiliser comme appâts les viscères des cerfs et chevreuils que nous venons de tirer. Le problème, c'est que nous attirons – notamment par l'odeur – nos concitoyens vers ces places d'appât pour renards. Il suffit qu'un

La nuit, les renards se rapprochent des fermes, contrôlent les tas de fumier et vident les écuelles des chiens et des chats se trouvant devant les habitations. L'odeur humaine n'effraie pas les renards.

promeneur passe non loin de là et que son chien, ayant senti nos appâts, s'empresse d'aller se rouler dans cette puanteur. Le promeneur en question risque d'en être fort courroucé. Et lorsque notre place d'appât se trouve à proximité d'une zone de captage d'eau, nous risquons d'avoir affaire non seulement à la police, mais aussi à la presse. Il n'y a, dans nos propos, rien de polémique. Les choses sont simplement ainsi aujourd'hui.

Il faut préciser cependant que les endroits où nous appâtons les prédateurs ne doivent pas non plus être infestés de puanteur. Notre appât ne doit être perceptible que par le nez du renard, et non par le nôtre. Maître Goupil doit s'en délecter, et trouver une table régulièrement servie. C'est avant tout de cela que dépend la réussite.

Le renard vit avec son temps

L'idée d'appâter les renards dans la solitude des bois et des plaines, loin de toute odeur humaine, était certainement bonne il y a 100 ans. Aujourd'hui, les renards d'Europe occidentale auraient plutôt tendance à réagir de façon inverse. Ils utilisent nos routes et chemins pour se déplacer et se sentent le plus en sécurité là où ils retrouvent régulièrement la puanteur humaine. Sur une place d'appât que nous ne visitons qu'une fois par semaine, le renard se comporte de manière beaucoup plus méfiante qu'à un endroit où, tous les jours, nous passons avec notre chien !

La gestion cynégétique

Où ? Quoi ? Comment ? Pourquoi ?

Autrefois, tout était différent. Les territoires de chasse étaient généralement plus grands et il n'y avait pas de véhicules susceptibles d'emmener les chasseurs, en un rien de temps, dans les secteurs les plus reculés, par les chemins mauvais et escarpés. Sur ces territoires, la pression de chasse était beaucoup moins importante qu'aujourd'hui. Entretemps, les chasses communales ont souvent été découpées en plusieurs lots de chasse. Nous sommes tous devenus très mobiles et capables d'intervenir partout sur ces lots. Et nous nous déplaçons souvent en voiture sur le territoire de chasse.

En confiance avec les hommes

Les animaux sauvages sont en confiance avec nous là où l'on ne les chasse *pas* et ne se préoccupent pas de la présence de *non* chasseurs. C'est ainsi que nous rencontrons des chamois à

On ne sait pas combien de temps encore l'on pourra présenter le gibier sous la forme d'un tableau de chasse. Les détracteurs de ce dernier évoquent le risque de dégradation de la venaison et sa contamination par des bactéries.

Le gibier devient d'autant plus indifférent à la présence des hommes que ceux-ci le croisent de façon inoffensive !

proximité des stations de téléphérique ou des auberges d'altitude. Les bouquetins – qui ne sont pas chassés – laissent souvent les photographes s'approcher à moins d'une dizaine de mètres d'eux avant de prendre la fuite. Les canards colverts gardent une grande distance de fuite là où ils sont chassés, alors que dans des localités urbanisées, ils vivent en toute confiance avec les hommes et viennent prendre la nourriture que ceux-ci leur distribuent. Le moindre bruit émis involontairement du haut de notre mirador, comme un frottement d'étoffe un peu raide, fait fuir le renard. Et pourtant, lorsque nous rentrons après un affût nocturne en hiver, il nous arrive de voir maître Goupil assis devant la porte de l'auberge du village ou déambulant tranquillement à travers les rues. Et ceux d'entre nous qui ne sont toujours pas convaincus de l'indifférence de la faune sauvage à l'égard des non chasseurs peuvent aller à Berlin où les laies promènent leurs marcassins, en plein jour, sur les bandes engazonnées entre les immeubles collectifs.

Des trous de mémoire

Il est illusoire de vouloir compter les chevreuils, ainsi que d'autres espèces animales vivant à l'état sauvage. Même lorsque nous pratiquons des comptages nocturnes au phare, nous ne pouvons apprécier correctement les densités de nos ongulés sauvages. Ces comptages nous permettent tout au plus de déterminer une tendance, à savoir si une population s'accroît ou diminue. Et cela n'est possible que si rien ne change, d'une année sur l'autre, dans le milieu de vie du gibier, et dans les conditions dans lesquelles il est perçu. Une telle méthode

Nous reportons sur une carte de notre territoire de chasse tous les chevreuils que nous voyons – et pouvons juger – pour la première fois. Lorsqu'un chevreuil est tiré à un endroit, nous le rayons sur la carte. C'est ainsi que nous obtenons d'intéressantes informations sur notre population de chevreuils.
Légende : B = brocard adulte ;
J = brocard âgé d'un an ;
G = chevrette adulte ;
S = chevrette âgée d'un an ;
K = faon ou chevrillard.

n'est pas applicable en milieu forestier : il faut l'exclure sur les grands territoires de chasse de forêt. Elle est difficile aussi sur de petits territoires forestiers : les chevreuils ne sortent pas tous, la nuit, sur les prés et les champs. Souvent le paysage est tellement découpé que beaucoup d'angles morts échappent aux rayons des phares. Certes, les cerfs et biches – qui sont herbivores – cherchent, au printemps, à rejoindre les prairies. Mais lorsqu'elles se situent au milieu de la forêt, les animaux prennent la fuite dès qu'une voiture s'en approche au cours de la nuit. De plus, à ces endroits, la vue est souvent très limitée. Quant aux sangliers, ils ne se laissent pas compter, sauf certaines compagnies isolées sur les places d'agrainage.

Recenser les hardes et les compagnies...

Les espèces cerf et sanglier sont des animaux grégaires qui vivent respectivement en hardes et compagnies. Nous avons intérêt à enregistrer ces groupes. L'on notera leur taille numérique, le nombre de jeunes et d'adultes, leurs éventuelles particularités, et la date et l'heure, ainsi que leur position géographique. Toutes ces données seront ensuite reportées sur la carte du territoire de chasse. Ainsi, au bout d'un certain temps, l'on obtient une vue d'ensemble de l'importance numérique du gibier, et de ses habitudes. Seuls quelques rares chasseurs s'efforcent d'enregistrer ces données. La plupart d'entre eux font confiance à leur mémoire, alors que celle-ci est bien souvent défaillante !

À NOTER !
Nous apercevons souvent beaucoup moins de chevreuils qu'il n'en existe !

... et le gibier tiré

Il est aussi avantageux de reporter sur une carte le gibier que l'on a tiré. Cela vaut surtout pour les chasses en battue. Au bout de deux, trois ans, les hasards s'estompent et il s'en dégage une image très utile quant à la qualité et la nécessité des divers postes de battue.

Lorsque, par une nuit de pleine lune, il y a de la neige, nous comptons les lièvres. Nous commençons aux endroits les plus reculés et poursuivons de prairie en prairie. À deux, nous y arrivons largement en deux nuits.

Pour les chevreuils, j'enregistre depuis de nombreuses années tous les animaux que je vois, en les classant en catégories : les faons et chevrillards, les brocards et chevrettes âgés d'un an, les chevrettes et brocards adultes. Mes observations sont ensuite reportées, sous forme de lettres alphabétiques, sur une carte du territoire de chasse. Si, par exemple, là où j'ai noté la présence d'une chevrette âgée d'un an, ou aux alentours immédiats de cet endroit, une chevrette de ce type est tirée, je barre simplement la lettre correspondante que j'avais inscrite. Il peut ainsi arriver qu'à un endroit bien défini, l'on voit toujours un brocard âgé d'un an, une chevrette ou un brocard adulte, et que l'on y tire l'animal en question. Malgré tout, un autre animal – parfois deux – de la même catégorie se trouve bientôt à nouveau au même endroit. Ainsi, lorsque je ne sais pas trop où je dois aller à la pirsch ou à l'affût, je consulte la carte du territoire et j'en tire de précieuses informations.

Compter les lièvres

Il est intéressant, en hiver, par temps de neige et de pleine lune, de recenser les lièvres. Si l'on est seul, on commence par se poster au bord d'une prairie enneigée, dans un coin du territoire de chasse, et l'on change d'endroit toutes les deux heures. Mais il est plus facile et plus rapide d'inviter quelques amis chasseurs. Souvent, l'on est surpris de constater qu'il y a de nombreux lièvres qui circulent sur les prairies pendant la nuit.

Que voulons-nous ?

Dans la plupart des pays européens, on souligne aujourd'hui l'importance des dégâts commis par les ongulés sauvages à la forêt. Les administrations forestières exigent un important accroissement des plans de chasse des cervidés. Hélas, sur

Beaucoup de chasseurs ne voient plus de chevreuils parce qu'ils chassent selon les mêmes critères qu'autrefois, dans des forêts régulières, où le gibier était tenu de se déplacer – de façon prévisible – de ses remises à ses surfaces de gagnage. Pourtant, les zones de remise et de gagnage ont souvent été mélangées par les récentes tempêtes, et les modifications d'objectifs forestiers.

la plupart de nos territoires de chasse, il n'en résulte pas pour autant une nette amélioration de la régénération forestière.

Là où les exigences des propriétaires forestiers et la réalisation des plans de chasse sont prises au sérieux – c'est le cas à de nombreux endroits –, l'on rencontre le dilemme suivant : plus la chasse devient intensive – et chronophage –, plus le gibier devient méfiant, donc moins visible. De plus, la nature réagit aux importantes pertes numériques d'une espèce déterminée par une augmentation simultanée du taux de reproduction de cette espèce, ainsi que par un déplacement du sex-ratio de cette espèce. Comment cela fonctionne-t-il ? Lorsque dès le début de l'automne, on tire de nombreux chevreuils, les survivants bénéficient en hiver de meilleures conditions nutritionnelles. Les chevrettes perdent moins de fœtus, les faons naissent plus robustes, la mortalité juvénile baisse. Si la population de chevreuils est trop importante – eu égard à la qualité du milieu –, les naissances de faons mâles seront plus importantes que celles des faons femelles, et réciproquement.

L'expérience du gibier

En tout cas, l'accroissement des prélèvements cynégétiques ne manque pas de stimuler la reproduction du gibier. Il en résulte un cercle vicieux dans lequel s'enferme tout chasseur un tant soit peu responsable : tirs importants – accroissement du temps passé à chasser – baisse de la visibilité du gibier – accroissement du taux de reproduction du gibier – maintien en l'état de la situation des dégâts – plan de chasse encore plus important – accroissement encore plus important du temps passé à la chasse – baisse accrue de la visibilité du gibier, etc. C'est ainsi que, sur certains territoires de chasse, on tire presqu'uniquement des brocards âgés d'un an seulement, car les brocards

À NOTER !
Le tir sélectif opéré en chasse individuelle nous amène en premier lieu et en majorité à prélever les animaux les moins habitués aux chasseurs !

Un brocard et une chevrette âgés d'un an. Pour les éviscérer, il faut être muni de gants jetables. Il ne faut jamais les suspendre sous le toit du chalet de chasse, mais en chambre froide. Et surtout ne pas se laisser gagner par la nostalgie d'une époque révolue...

plus âgés sont soit morts, soit incroyablement farouches. Ne figurent au tableau de chasse que des immigrants, qui sont des « yearlings ». Le cas des chevrettes est semblable. Les animaux qui survivent à trois ans de chasse savent ce qu'il en est et savent échapper au chasseur. Ceux qui sont tirés sont ceux qui n'ont pas suffisamment d'expérience au contact du chasseur. Il s'agit essentiellement des jeunes animaux. Il en est de même pour l'espèce cerf, mais comme il s'agit d'animaux vivant en hardes, le problème est encore un peu plus complexe.

On trouve suffisamment d'exemples où des chevreuils, des cerfs ou des biches marqués, ont, pendant de longues années totalement disparu avant de réapparaître.

Autant et aussi souvent que possible

Pour pouvoir sortir de ce cercle vicieux, le chasseur doit se fixer des objectifs, et décider d'une stratégie claire à suivre. Les objectifs dépendent de la situation locale. Là où la régénération forestière est réellement compromise, le chasseur tendra à éliminer momentanément le facteur du maintien local du grand gibier. Il pourra maintenir à un niveau très bas – sur une *surface limitée* et pendant un *temps limité* – les populations de grand gibier. Souvent, cela suffira. Mais ce n'est pas seulement en tirant davantage d'animaux que l'on peut atteindre cet objectif. Il est aussi nécessaire que le chasseur soit fréquemment présent sur son territoire de chasse. Nous appelons cette stratégie, celle du tir total. Elle ne réussit que sur une surface relativement restreinte. D'ailleurs, sur des surfaces importantes, elle n'est pas souhaitable, dans la mesure où la pérennité du gibier doit quand

Ici, l'on voit un chemin enherbé traversant un peuplement forestier où se tient le gibier. Ce chemin doit être fauché une fois par an, en été. Mais le secret de la réussite réside dans l'utilisation parcimonieuse – par la chasse – de telles surfaces.

> **À NOTER !**
> Le gibier est plus actif lorsque le chasseur est absent.

même être assurée. L'objectif de la stratégie du tir total est de rendre les surfaces concernées inhospitalières pour le gibier. Celui-ci doit y sentir la présence du chasseur, ainsi que le danger qui en résulte !

Une action centrée sur le tir

Même si nous venons de dire qu'une action temporaire exclusivement centrée sur le tir ne peut s'effectuer que sur une surface limitée, il faut que cette surface ait une dimension minimum. Si nous essayons de mener une telle action sur quelques hectares seulement, il arrivera toujours un nombre si important d'animaux que notre mesure de diminution des dégâts ne pourra guère être couronnée de succès. C'est alors que l'on parlera de cette fameuse « dernière » chevrette, qui occasionne encore autant de dégâts d'abroutissement que s'il y avait vingt animaux. À cet endroit, nous ne verrons peut-être qu'une chevrette, mais c'est parce que nous n'apercevons pas celles qui sont remisées à l'ombre ! Le secteur sur lequel notre action sera conduite devra donc s'étendre sur au moins dix hectares. Si ce secteur est plus restreint, il y viendra toujours du gibier de l'extérieur. S'il est trop étendu, alors nous ne réussirons pas à le maintenir à l'abri des dégâts. Il y a peu de locataires de chasse privés qui accepteraient aujourd'hui de gérer 100 hectares selon ce principe d'un tir total.

La durée minimum d'application de cette stratégie ne peut pas être définie avec exactitude. Deux ans pourraient suffire, mais cinq ans sont parfois nécessaires. Tout dépend de la situation. S'il existe suffisamment de régénération et que celle-ci, freinée par un fort taux d'abroutissement, n'arrive pas à croître au-delà de la dent du gibier, deux ans peuvent conduire au succès. Si l'on a quelque part, par exemple sur des parcelles détruites par une tempête, planté des sapins ou des feuillus de grande valeur, il faudra au moins consacrer quatre ou cinq ans à l'application de cette stratégie du tir total.

Il faudra aussi recourir à une stratégie de ce type, si l'on chasse en priorité près d'une plantation forestière fortement abroutie par le gibier. Toutefois, cela ne servira pas à grand-chose si, tout autour, les populations animales sont trop importantes.

Déranger le moins possible

L'inverse du tir total est la chasse par intermittence. L'équilibre forêt-gibier est à peu près assuré, seule la confiance du gibier laisse à désirer. Ce ne sont pas les groupes de randonneurs du dimanche qui le dérangent, même si beaucoup d'entre nous sont convaincus du contraire et ne cessent de le dire. Ces groupes nous dérangent et provoquent peut-être, ici ou là, quelque cris d'alerte des chevreuils. Mais les animaux reconnaîtront rapidement le caractère inoffensif de ces visiteurs. Les chevreuils modifieront très légèrement leur comportement, notamment leurs déplacements et habitudes alimentaires. Les problèmes qui en résultent éventuellement, c'est plutôt nous qui les rencontrons. Mais les promeneurs ne généreront pas de modification fondamentale du comportement des chevreuils sur l'intégralité de la surface d'un territoire de chasse. C'est nous, les chasseurs, qui sommes responsables des profondes modifications du comportement de notre gibier.

La chasse par intermittence

Si nous voulons que le gibier reprenne confiance, nous devons nous fixer comme objectif de chasser de manière plus efficiente. Cela signifie chasser par intermittence. Il s'agit d'une chose extrêmement simple. L'on ne chasse intensivement qu'aux périodes où, selon l'expérience des anciens, cela en vaut la peine. Si le jeu n'en vaut pas la chandelle, l'on reste à la maison. Le problème est que, pour beaucoup de chasseurs, le jeu semble *toujours* en valoir la chandelle. Ils veulent tirer des animaux, mais ils se plaignent (« il n'y a plus de chevreuils… ») lorsqu'ils ne voient rien. Dans le fond, ils ont déjà de la chance de pouvoir aller, le soir, faire un tour sur leur territoire de chasse. Ils paient une part de chasse pour pouvoir sortir avec leur arme aussi souvent que possible. Parfois, leurs conditions de vie personnelles ou familiales s'opposent à une baisse de leur activité cynégétique régulière. C'est la raison pour laquelle la chasse par intermittence est récusée par de nombreux chasseurs et pratiquée sans gaieté de cœur par d'autres.

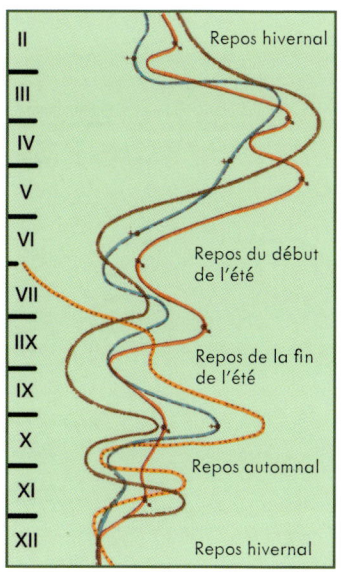

Différentes activités du chevreuil au cours de l'année

Mais il n'est pas question de vouloir expulser le chasseur de son territoire de chasse. L'espèce cerf réagit positivement à une absence de chasse momentanée lorsque, pendant la période de fermeture, d'autres espèces, comme le chevreuil, continuent à être chassées. Les principales remises de cerfs ne se confondent pas forcément avec les meilleurs secteurs à chevreuils. Il en résulte une certaine compensation cynégétique.

En plaine, toujours...

Pour le sanglier dans les grands massifs boisés, il faudrait renoncer à la chasse d'été ou, au moins, se limiter à chasser en lisière de forêt. En revanche, en plaine, le chasseur ne devrait pas renoncer à chasser les bêtes noires et à manifester une présence intensive. En effet, de grandes zones de tranquillité en forêt jointes à une présence cynégétique en forêt contribuent à la diminution des dégâts de sangliers aux cultures agricoles !

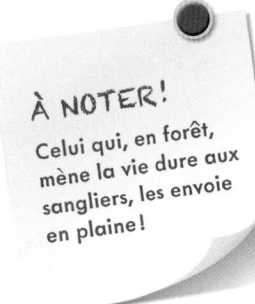

À NOTER !
Celui qui, en forêt, mène la vie dure aux sangliers, les envoie en plaine !

Cette médaille a aussi son revers : ce qui est positif pour le sanglier peut être néfaste pour le comportement d'autres espèces. Il peut sembler paradoxal de pratiquer une chasse intensive du sanglier en plaine tout en recommandant une absolue tranquillité nocturne pour l'espèce cerf aux mêmes endroits, alors que nous voulons diminuer les dégâts de cerfs en... forêt. Même si l'espèce cerf est capable de distinguer, dans une certaine mesure, si la chasse s'applique à elle ou à d'autres espèces, de nombreux chasseurs verront là une sorte de paradoxe.

Des circonstances et des comportements

Pour fonctionner, la chasse par intermittence suppose que l'on dispose d'une surface chassable minimum. Avec quelques hectares seulement, l'on n'arrivera pas à grand-chose. On ne peut pas affirmer avec certitude qu'avec un nombre défini d'hectares « tranquilles », la tranquillité s'installera effectivement. En plus de sa superficie, c'est la qualité d'un secteur qui sera déterminante. Il faut comprendre quelles sont les exigences du gibier quant à son espace vital. Les chevreuils n'utilisent guère plus de 30 hectares tout au long de l'année. De plus, le chevreuil n'est pas une espèce grégaire. Son mode de vie est, durant une grande partie de l'année, territorial. Nous aurons donc peu d'influence sur la population globale des chevreuils si nous ne chassons par intermittence que sur les territoires de deux ou trois animaux, en encore moins si nous renonçons plus durablement à la chasse. En tout cas, si, dans de tels secteurs, les chevreuils seront relativement en confiance, ce ne sera pas le cas sur l'ensemble du territoire. C'est la raison pour laquelle il s'installe assez vite, là où l'on chasse par intermittence, une certaine confiance chez l'espèce cerf, alors que, chez le chevreuil, il n'y a aucun changement de comportement. Le sanglier, qui vit également en groupes – à l'exception des mâles adultes –, réagit aussi relativement rapidement à cette pratique de la chasse.

Tout est relatif

Celui qui n'a à réaliser qu'un petit plan de chasse – dix chevreuils peut-être, et un grand cervidé – n'a pas à se préoccuper de ce qui a été dit dans le présent chapitre. S'il agit avec un minimum de sérieux et de compétence, il se tirera d'affaire. Il en va tout autrement sur les territoires où le plan de chasse est élevé.

De façon plus générale, la chasse par intermittence ne profite pas seulement au gibier. Il arrive que même les chasseurs le plus passionnés finissent par être saturés de chasse. Il faut dire que la vie nous offre bien des choses en plus de la chasse, surtout à ceux qui ont des enfants ou des petits-enfants. Dans ce cas, l'on ne veut pas, du 1er mai au 31 janvier, passer chacune de ses soirées dans un arbre ou un « caisson » à guetter le gibier. Mais la chasse par intermittence ne signifie pas non plus ne plus aller sur son territoire de chasse. Pourquoi ne pas faire une promenade en famille ? Pourquoi ne pas se mettre à l'affût un soir, avec notre fils ou notre épouse, simplement pour voir quelque chose ?

> **À NOTER !**
> Les intervalles de tranquillité doivent être suffisamment longs, afin que le gibier les reconnaisse effectivement en tant que tels.

Les forestiers, qui vivent sur leur territoire de chasse, apprécient le plus souvent cette chasse par intervalle. Ils sont contents lorsque, de temps en temps, ils peuvent s'arrêter de travailler à une heure normale. Pour leurs invités ou clients, il en va autrement. Le chasseur qui détient une part ou une licence de chasse en forêt domaniale ou ailleurs veut s'y rendre autant que possible. Il en a le droit. Mais si, une fois que les populations de chevreuils ont été réduites, il sort, de l'ouverture au rut, sans voir grand-chose, il sera quelque peu frustré. Pourtant cette situation est normale en forêt à cette période-là, surtout lorsque cette dernière est gérée conformément à la nature, et qu'elle fournit une mosaïque de couvert et de gagnage.

Des solutions alternatives

Sur les territoires forestiers, quand la végétation a atteint une certaine hauteur, l'on peut renoncer à la chasse au chevreuil jusqu'à la période du rut. Et là où, au mois de mai, une grande partie des brocards a été tirée, il n'est plus besoin de s'activer, particulièrement durant le rut. On pourra toujours aller chasser

Nous n'allons pas à la chasse pour sauvegarder une certaine culture rurale ou pour récolter des denrées alimentaires, mais parce que nous éprouvons du plaisir à chasser. Notre devoir consiste, toutefois, à tenir compte du milieu de vie du gibier et des besoins de ce dernier !

l'un ou l'autre après-midi de cette période pour se conformer à la tradition et aux habitudes. Peut-être irons-nous aussi à l'affût du matin ou du soir, car il y a quand même un peu de mouvement parmi les chevreuils. Mais on ne réalise pas vraiment de grands tableaux, si l'on a déjà chassé le chevreuil au mois de mai.

Nous pourrions laisser aux chevreuils leur tranquillité en mai et juin pour chasser le brocard à l'appeau pendant le rut, comme le faisaient nos anciens. Car ces brocards âgés d'un an, que nous chassons avec frénésie au mois de mai, se laissent très facilement tirer pendant les semaines du rut. Ils arrivent en courant quel que soit le son que nous émettons avec notre appeau. Il y a aussi les jeunes chevrettes âgées d'un an. On les distingue facilement au mois de mai et elles sont faciles à tirer si, comme dans certains pays d'Europe, leur chasse est alors ouverte. En automne, cela est plus difficile et, à partir du mois d'octobre, nous ne différencions plus vraiment une chevrette adulte – qui risque d'être suitée – d'une jeune chevrette âgée d'un an. Mais cela ne change rien au fait que, généralement, le tir des chevreuils femelles s'effectue en automne. Si l'on ne tire rien au mois de mai, en septembre, à l'ouverture générale de la chasse, il reste encore plus de chevreuils femelles et nous arrivons à tirer plus souvent. La réalisation du plan de chasse dépend du savoir-faire et du bon vouloir du chasseur, de la météo et des conditions locales du territoire de chasse. N'oublions pas que, dans certains pays ou régions, le plan de chasse du grand gibier (cerfs, chevreuils et chamois cumulés) est réalisé seulement en trois semaines automnales. Il devrait donc être possible de le réaliser ailleurs en cinq ou six mois, voire plus !

C'est le résultat qui compte

Il n'y a pas de doute qu'il est plus agréable de se mettre à l'affût au printemps et en été qu'en novembre et décembre. Pour la végétation aussi, il est plus avantageux que le plan de chasse soit réalisé de bonne heure. Ce que le chasseur fait est laissé à sa propre initiative. Seul le résultat compte.

Le cas échéant, il ne faudrait tirer que quelques grands cervidés âgés d'un an. Cela n'est possible presqu'uniquement durant la période des mises-bas, car, une fois que les biches sont retournées dans les hardes avec leurs faons nouveau-nés, les daguets et bichettes les rejoignent. Il ne faut pas oublier que c'est pendant la période de mise-bas et d'élevage des faons que les biches ont le plus grand besoin de repos ! À l'inverse de ce qui se passe chez le chevreuil, chez l'espèce cerf, les biches et bichettes se différencient fort bien en automne et en hiver.

La chasse augmente la consommation énergétique

De nos jours, dans la plupart des régions et pays d'Europe, la chasse du cerf, du daim et du chevreuil est ouverte jusqu'à la fin janvier. Pour les animaux sauvages cela n'est pas l'idéal, même s'il faut admettre que le calendrier des prédateurs, des parasites et des maladies reste indépendant de celui du chasseur. Nos ongulés sauvages sont, en hiver, dans un creux métabolique, et notre présence cynégétique augmente leur consommation énergétique. Par ailleurs, les conditions locales

> **À NOTER !**
>
> En ce qui concerne l'espèce cerf, la chasse des daguets et des bichettes en début d'été augmente la méfiance des autres animaux de cette espèce. C'est particulièrement le cas lorsque les daguets et bichettes sont tirés au voisinage ou à proximité de la harde.

Biche, bichette, daguet. Celui qui tire maintenant rend l'espèce cerf très difficile à apercevoir.

LA GESTION CYNÉGÉTIQUE

des territoires de chasse peuvent être très différentes les unes des autres. Certains territoires offrent davantage de nourriture au gibier en plein hiver que d'autres en novembre. De plus, aucune année n'est comparable à une autre. En montagne, il y a parfois beaucoup de neige en novembre, alors qu'il n'y en a plus en janvier. Aussi, serait-il souhaitable que les périodes de chasse s'arrêtent partout le 31 décembre, comme c'est déjà le cas dans certains pays européens.

La méthode sado-maso

Dans certains pays et régions, la chasse au chamois ferme le 15 décembre. Il s'agit là aussi d'un gibier dont la chasse demanderait à être repensée. Une grande part du plan de chasse des chamois est aujourd'hui réalisée par des invités venant d'ailleurs plutôt que par des chasseurs locaux. La plupart d'entre eux souhaite chasser pendant la période du rut. Mais peu nombreux sont ceux qui ont conscience du fort investissement physique qu'exige la chasse au chamois à cette époque de l'année. D'ailleurs, peu d'entre eux disposent de la forme physique nécessaire.

La chasse pendant le rut est aussi un lourd fardeau pour les chamois. Les chevreuils, par exemple, ont suffisamment de temps, après le rut, pour se reconstituer leurs réserves énergétiques en mangeant. Les cerfs également, au moins lors des années favorables. Mais cela n'est pas le cas pour les chamois. Pendant leur rut, il y a souvent déjà de la neige en altitude ou un temps très couvert. Il est difficile, pour eux, de se reconstituer les réserves manquantes.

Nous sommes tous capables d'actionner la queue de détente. Mais qui peut porter le chamois dans la vallée ?

Les problèmes de condition physique

Il en va de l'intérêt des chamois qu'ils soient chassés en été ou au début de l'automne, et que la plus grande partie de leur plan de chasse soit réalisée à ce moment-là. Si l'on chasse quand même pendant le rut, il faudrait se limiter à tirer seulement quelques très vieux boucs, et tirer le reste des chamois le plus tôt possible.

C'est le deuxième trophée – ces longs poils noirs de l'épine dorsale que l'on appelle la barbe – qui, chez la plupart des chasseurs, éveille leur désir de chasser pendant le rut. Mais il faut être conscient que devoir se déplacer dans une neige à hauteur des genoux demande beaucoup de force et d'énergie. Beaucoup de ces chasseurs invités à chasser en montagne éprouvent, en été déjà, des difficultés du point de vue de leur condition physique. Devoir rester au poste, souvent pendant de longues heures, en plein vent, ou en plein soleil, peut être très démoralisant. Le froid et le vent passent à travers tout. Les problèmes de rhumatismes, de sciatique, de cystite, de néphrite et d'autres maladies parfois longues et douloureuses naissent souvent pendant le rut du chamois. Lorsqu'il faut passer la nuit dans un refuge de haute montagne, il arrive qu'on s'endorme dans un sauna et qu'on se réveille dans un entrepôt frigorifique...

Les morts et à demi-morts

La chasse en montagne consiste également à transporter le gibier tiré. Même si cette tâche est souvent effectuée par le guide, pour des raisons de sécurité, le chasseur invité ne peut pas s'en aller pour se réchauffer au chalet de chasse. D'abord, parce qu'il s'est entretemps transformé en un endroit glacial ; ensuite, parce qu'il serait irresponsable de laisser derrière soi le guide de chasse, seul, sur un terrain enneigé et dans des conditions extrêmes. Cependant, chercher et transporter un chamois – aussi petit soit-il –, 150 mètres plus bas ou par-delà la crête de la montagne, demande parfois plus de deux heures d'effort. Et pendant ce temps, le chasseur invité peut attendre sans bouger dans le froid.

Aussi la chasse au chamois est-elle infiniment plus agréable et réjouissante à la fin de l'été ou au début de l'automne ! Aujourd'hui, on peut atteindre de nombreux alpages et chalets de chasse au moyen d'un véhicule 4 x 4. Ou, au moins, peut-on parcourir en voiture une grande partie du chemin menant de la vallée au chalet de chasse. De plus, notre équipement est nettement moins important en été, donc bien plus facile à porter. Enfin, les accompagnatrices qui ne chassent pas sont, en été, plus enclines à passer quelques jours dans un chalet qu'en hiver.

> **À NOTER !**
> La chasse peut être fatigante, mais elle ne doit pas dépasser les forces du chasseur, sinon il ressemblera vite à une caricature !

Les chiens et autres auxiliaires

Autrefois

Autrefois, chaque chasseur avait un chien de chasse. Nombreux étaient les chasseurs qui possédaient deux chiens ou plus. Aujourd'hui, un chasseur n'a plus systématiquement un chien. Les raisons sont multiples. Les conditions de logement, d'abord. Beaucoup de chasseurs vivent en ville ou en location : ils n'ont plus la possibilité – ou le droit – d'avoir un chien auprès d'eux. Celui-ci a besoin d'espace et qu'on s'occupe de lui. Cela suppose que son maître dispose de temps, et de conditions favorables. Autrefois, l'homme allait au travail, pendant que la femme s'occupait du ménage et, accessoirement, du chien. Aujourd'hui, les conjoints travaillent généralement tous les deux. Pour s'occuper convenablement d'un chien, il ne suffit pas de le promener en laisse dans les rues pendant une demi-heure tous les soirs. De même, les possibilités de travail sur le terrain se réduisent, notamment lorsqu'il s'agit de la chasse du petit gibier.

À NOTER !
La véritable compréhension des chiens se remarque souvent au fait que la personne concernée renonce à en avoir un !

Libéré de sa laisse, mais obéissant, ce chien montre à son maître où il doit chercher ou attendre le gibier.

Vers le chien polyvalent

Si le nombre de chasseur s'est accru depuis la fin de la Seconde Guerre mondiale dans certains pays d'Europe, la surface chassable n'a cessé de rétrécir. Dans les régions les plus urbanisées, les chasseurs ont parfois du mal à trouver une possibilité de chasser. Ils sont invités de temps à autre à une battue, ou ils acquièrent une part de chasse dans une société où ils sont tenus au respect d'un règlement intérieur souvent draconien. Parfois, le dressage et la conduite d'un chien ne sont pas tolérés. Même les adjudicataires de chasse ne sont pas toujours en mesure de conduire eux-mêmes un chien : ils font souvent appel à un auxiliaire disposant d'un chien.

Il y a de moins en moins de possibilités de travail pour les chiens d'arrêt. La classique quête aux perdreaux, omniprésente autrefois en dehors des régions de montagne, ne se pratique plus guère aujourd'hui. De manière générale, la chasse au chien d'arrêt devient de plus rare. Aussi, beaucoup de chasseurs se tournent vers un chien polyvalent. Ils acquièrent un teckel ou un chien leveur de gibier, ou renoncent à posséder un chien.

Nos territoires de chasse, de plus en plus petits, sont aussi moins accueillants pour les chiens. Les grandes chasses communales sont souvent découpées en petits lots de chasse. Aussi, un chien chasse vite au-delà des frontières. Quant aux chasses domaniales ou aux grandes chasses privées, elles sont souvent louées sous forme de licence individuelle n'atteignant parfois que 40 hectares. Là, il est difficile de dresser et de conduire un chien polyvalent.

Un chien, pour quoi faire ?

En fait, pourquoi un chasseur a-t-il besoin d'un chien ? Sans vouloir paraître polémique, on pourrait facilement constater que les chiens d'arrêt vont de pair avec des bottes en caoutchouc vertes, les chiens courants avec les knickers et les teckels avec le plumeau de sanglier au chapeau...

Le grand nombre de chiens présentés aux épreuves de recherche au sang nous montre ce que les chasseurs considèrent comme important : un chien qui travaille après le coup de feu. Peu de chasseurs tirent plus de dix ongulés par an. Lorsque j'examine les notes que j'ai prises depuis de longues années, je constate que, sur 50 chevreuils tirés, je n'ai eu à faire qu'une seule recherche sérieuse de gibier blessé. Avec le sanglier, il en va autrement.

Les fréquentes recherches sur gibier mort

Chaque recherche constitue une affaire à prendre au sérieux, dans la mesure où il s'agit toujours d'un animal blessé qui souffre. Mais, dans la plupart des cas – en dehors de quelques mauvais tireurs qui devraient arrêter de chasser ! – il s'agit de recherches sur du gibier mort dans un rayon de 100 mètres au maximum. C'est le cas de ces chevreuils touchés d'une balle basse au cœur, qui continuent du courir et meurent dans un fourré au bout de 20 ou 50 mètres. C'est aussi le cas par exemple d'une biche qui, avec un tir de poumon, parcourt encore 100 mètres, avant de se coucher dans sa reposée, où elle se vide de son sang. La plupart des chiens de chasse ne font que des recherches courtes et relativement simples durant leur vie. Certains n'ont même pas ce plaisir d'une courte recherche de gibier blessé une fois par an.

> **À NOTER !**
> Beaucoup de chasseurs pensent que le fait de détenir un chien de chasse doit faire partie de leur équipement ou que, grâce à leur chien, ils trouveront des occasions de chasser.

Il est normal de vouloir chasser avec son *propre* chien. Cependant, il est souvent judicieux d'en faire venir un qui connait bien la chasse. Un chien acquiert d'autant plus d'expérience – donc de savoir-faire – qu'il a d'occasions de travailler. Il s'agit donc d'examiner la situation personnelle du chasseur pour juger s'il est opportun ou non, pour lui d'avoir son propre chien.

Le chien pour après

Dans les dernières années, la pratique de la chasse s'est beaucoup transformée, même pour ce qui est du travail du chien. Autrefois, on démarrait une recherche au sang au plus tôt deux heures après le tir de l'animal concerné. Si un grand gibier était blessé le soir, la recherche ne s'effectuait que le lendemain. Et l'on respectait un principe de base : ne travailler qu'à la longe, jusqu'à une reposée chaude ou jusqu'au moment où l'animal blessé se relève devant le chien.

L'hygiène concernant la venaison

Entretemps, les règles d'hygiène relatives à la venaison ont profondément évolué. Un animal mort qui a passé toute une nuit sans être éviscéré doit, avant d'être commercialisé, subir un examen de la venaison. En règle générale, ces animaux ne sont plus comestibles. Un animal qu'on présume être mortellement blessé et qui s'enfuit de l'emplacement où il se trouvait au moment du tir (l'*anschuss*), est donc aujourd'hui recherché au plus vite. Du moins lorsqu'on suppose qu'il est allé mourir dans un rayon maximum de 100 mètres de l'anschuss.

La couleur du pelage de ce sanglier nous apprend qu'il s'agit d'une bête rousse.

Les règles d'hygiène s'appliquant à la venaison ont modifié notre conception de la recherche du grand gibier blessé. Les animaux qui, touchés par une mauvaise balle, ont passé une nuit sur le terrain sans avoir été éviscérés, doivent absolument faire l'objet d'un examen de la venaison.

Mais ce n'est pas seulement l'hygiène de la venaison qui nous incite à jeter les vieux principes par-dessus bord. Ces dernières années, les densités de renards et de sangliers se sont considérablement accrues sur la majorité de nos territoires de chasse. Aussi le gibier qui reste sur place une nuit entière est souvent retrouvé entamé et il ne reste pas grand-chose d'un chevreuil.

Modifier nos pensées !

Le temps d'attente qui était de mise autrefois avait deux raisons d'être. En premier lieu, avant de faire l'objet d'une recherche au sang, le gibier devait mourir dans sa reposée ou, du moins, s'engourdir. Deuxièmement, le chien travaille de façon beaucoup plus calme et concentrée, lorsque l'odeur du gibier (le *sentiment*) est déjà un peu atténué. Il tient plus facilement la voie de l'animal blessé et risque moins de prendre le change sur des voies du même âge.

Lorsque la luminosité le permet, on attendra un certain temps, le soir, avant d'aller à l'anschuss avec son chien. Cependant, même après une heure d'attente, il subsiste beaucoup plus de sentiment dans l'air que le lendemain matin. Le chien n'est nullement tenu de travailler le nez au sol. Il est donc plus agité. Parfois, il évente dès l'anschuss l'animal mort. Dans une telle situation, il ne sera guère enclin à travailler calmement et consciencieusement, le nez au sol. Que fait alors le chasseur ? Il lâche son chien, convaincu que celui-ci lui indiquera, d'une manière ou d'une autre, qu'il a retrouvé l'animal mort. Il n'y a rien à redire à cela, dès lors qu'il s'agit d'un chien correctement éduqué et bénéficiant d'une expérience suffisante en la matière. La situation est plus critique lorsque l'animal blessé n'est pas encore mort, et qu'il se relève de sa reposée pour s'enfuir, ou qu'il nécessite un coup de grâce. Supposons qu'il s'agisse d'une bête de compagnie qui est allée se cacher dans un épais fourré et qui, très vite, tient le ferme devant le chien... Il faut savoir qu'il est interdit de tirer du gibier en s'aidant d'une source lumineuse. Même si on le pratique aujourd'hui, cela n'en reste pas moins illégal[1].

Exceptions

Que faire, lorsque le chien a relevé l'animal blessé et que, dans la nuit noire, il le poursuit ? Nous ne pouvons pas lui venir en aide. Et nous ne savons pas à quel moment le chien finira par interrompre sa poursuite pour revenir chez son maître. Aussi, avant de lâcher son chien, faut-il bien réfléchir, à la nature de la blessure dont souffre probablement le gibier. En cas de doute,

---

1. Sauf peut-être en France, où la recherche du gibier blessé n'est plus considérée comme un acte de chasse (N.d.T.).

nous attendrons jusqu'au lendemain matin avant de débuter la recherche, même si le gibier concerné ne peut alors plus être commercialisé !

Il existait autrefois deux exceptions à cette règle imposant une attente de deux heures avant de démarrer la recherche, et l'obligation de travailler à la longe : en cas de tir de patte ou d'apophyse, il fallait lâcher le chien immédiatement. On voulait ainsi mettre à profit le manque d'assurance dont fait preuve le gibier blessé. Personnellement, je considère cela idiot. En effet, chacun d'entre nous a déjà vécu cette situation où un animal s'enfuit, blessé à une patte, avec cette réaction typique au coup de feu et quelques mètres encore après celui-ci. C'est donc immédiatement après le tir que le choc subi est le plus important. Aussi ne rechercherons-nous qu'après un certain temps d'attente – et en travaillant à la longe – les animaux blessés à une patte ou à une apophyse. Ou nous nous mettrons à l'affût le soir ou le lendemain matin. Il n'est pas rare que des chevreuils blessés le soir se tiennent à nouveau sur la même surface de gagnage, au cours de la nuit ou le lendemain matin !

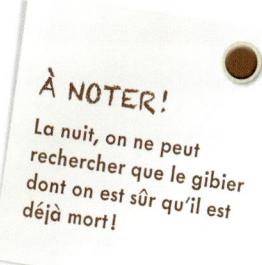

À NOTER !
La nuit, on ne peut rechercher que le gibier dont on est sûr qu'il est déjà mort !

L'aide précieuse de nos compagnes

On ne chante pas assez les louanges de nos amies et compagnes. Il n'y a rien de plus beau que de partager les plaisirs de la chasse avec la personne qui partage aussi votre vie. Et pour cela, il n'est pas besoin que l'élue de votre cœur soit titulaire du permis de chasser. Elle n'a pas besoin de donner la mort pour participer aux discussions et comprendre la chasse.

Les femmes sont irremplaçables à la chasse, et pas seulement pour nous reconduire à la maison après le dîner.

QUAND FAUT-IL RECHERCHER LE GIBIER BLESSÉ ?

Espèce gibier	Indices	Blessure supposée	Recherche	Poursuite ?
Chevreuil	L'animal s'enfuit à toute vitesse, l'avant du corps au ras du sol.	Pointe du cœur, avec éventuellement aussi une épaule ou une articulation.	Attendre une demi-heure et ensuite, laisser le chien chercher l'animal. Lorsqu'il fait très froid et qu'il y a assez de lumière, on attendra une heure.	Rarement
	On voit la panse ou les intestins.	Tir d'abdomen ou éclat dans la cavité abdominale.	Idem	Non
	L'animal s'enfuit comme s'il était en bonne santé. On distingue l'entrée ou la sortie de la balle dans la zone thoracique.	Tir de poumon, éventuellement aussi blessure au cœur.	Idem	Non
	On entend l'animal s'effondrer ou battre des pattes.	La nature de la blessure est incertaine, mais l'animal est mort ou gravement blessé.	Idem	Rarement
	On a tiré un chevrillard. La chevrette s'arrête, aux aguets, ou revient un peu en arrière en aboyant.	Le chevrillard s'est effondré sur place. Il est, sans doute, déjà mort.	Idem	Non
	L'animal s'effondre sur place, mais se relève au bout de quelques instants, apparemment en bonne santé.	Il doit s'agir d'un tir d'apophyse. En hiver, la blessure guérira vraisemblablement. En été, les moustiques ne manqueront pas de pondre des œufs dans la blessure.	Le soir ou le lendemain matin, organiser, avec plusieurs chasseurs, une séance d'affût collectif aux alentours.	Certainement

	L'animal tombe de l'arrière ou balance une patte avant. Puis il s'enfuit relativement vite.	Il doit s'agir d'un tir de patte, où les articulations supérieures sont encore intactes.	*Idem*	Certainement
	La patte avant se balance. Mais on trouve aussi beaucoup de poils provenant de la zone thoracique.	La balle est vraisemblablement basse. Elle a blessé le poumon et fracturé l'articulation.	Attendre au moins une heure, puis, uniquement s'il fait jour, faire la recherche avec un chien.	Éventuellement
Espèce gibier	**Indices**	**Blessure supposée**	**Recherche**	**Poursuite ?**
Cerf	L'animal bondit au coup de feu avant de s'enfuir précipitamment.	Vraisemblablement un tir de thorax.	Attendre au moins une heure avant de travailler avec un chien à la longe.	Rarement
	L'animal réagit au niveau de l'abdomen (panse ou intestins), ou bien des indices sûrs montrent que la blessure se situe bien dans cette zone.	Des organes de la cavité abdominale ont été touchés.	Attendre au moins une heure et ne faire la recherche qu'avec un chien à la longe, suffisamment expérimenté.	Éventuellement
	On a tiré un faon. La biche reste immobile, dans le couvert, et pousse un cri d'alerte.	Le faon s'est couché. Il est en train de mourir ou déjà mort.	Attendre au moins une demi-heure avant de faire la recherche avec un chien.	Rarement
	Au coup de feu, l'animal fléchit à l'avant ou à l'arrière. Ou bien, durant sa fuite, il ne touche plus le sol avec sa patte.	Il s'agit d'un tir de patte. Mais il se peut que le thorax ou les intestins soient touchés, eux aussi.	Attendre au moins une heure et, uniquement s'il fait jour, travailler avec un chien à la longe, suffisamment expérimenté.	Vraisemblablement
	On a tiré un cerf au brame ou au cours de l'été.	Certes, il ne faut pas exclure une balle de thorax, mais celle-ci peut aussi se situer à l'arrière.	*Idem*	Éventuellement

Espèce gibier	Indices	Blessure supposée	Recherche	Poursuite ?
Sanglier	On a tiré une bête rousse au clair de lune. L'animal a disparu dans un champ de maïs. À l'intérieur de la parcelle, on entend la laie souffler.	L'animal s'est effondré sur place, mais il n'est pas forcément mort.	Attendre au moins une heure, puis laisser le chien quêter librement (détaché de sa longe).	Rarement
	Il y a beaucoup de sang à l'anschuss et beaucoup de poils coupés par la balle.	Il pourrait s'agir d'un tir rasant de venaison.	Attendre au moins une heure, puis faire la recherche – uniquement s'il fait jour – avec un chien à la longe, suffisamment expérimenté.	Certainement
	Il y a du sang de cœur et/ou de poumon à l'anschuss.	Il s'agit vraisemblablement d'un tir de thorax. Mais il ne faut pas exclure des éclats de balle à l'arrière du diaphragme.	*Idem*	Éventuellement
	On a tiré un gros sanglier au clair de lune, à une place d'agrainage ou dans un champ. L'animal s'enfuit sans rien laisser paraître (ombre, manque de luminosité).	Nous ne savons absolument rien !	Si l'on n'entend pas l'animal qui s'effondre, il faut attendre qu'il fasse jour pour travailler à la longe avec un chien.	Éventuellement
	Il y a des morceaux de foie à l'anschuss et/ou des restes d'aliments.	Il y a au moins des éclats de balle qui ont touché le foie et/ou la panse ou les intestins.	Après avoir attendu au moins une heure, faire la recherche – uniquement s'il fait jour – avec un chien expérimenté, travaillant à la longe.	Vraisemblablement

Dès lors qu'il est suffisamment expérimenté dans le travail à la longe, le chien peut aussi effectuer en liberté de courtes recherches sur gibier mort.

Au contraire. J'ai appris à connaître de nombreuses femmes qui partageaient la passion de leur époux ou compagnon avec enthousiasme, sans manifester d'intérêt pour l'acte de tirer sur un gibier. À l'inverse, j'ai aussi rencontré des chasseresses incapables d'éviscérer le gibier ou de faire cuire un trophée de brocard.

Il existe énormément d'activités dans et autour de la chasse, pour lesquelles une femme est quasiment irremplaçable ! Si je dis aujourd'hui, avec beaucoup de reconnaissance, qu'une femme effectue, à la chasse, un travail plus important que trois chiens, il faut que je fasse sérieusement attention… Je pense que seule ma femme en rira, car elle sait ce que j'entends par là. De plus, elle a une réelle conscience de tout ce que nous avons vécu et entrepris ensemble à la chasse.

> **À NOTER !**
> Les chasseurs, dont les compagnes ne manifestent aucune compréhension à l'égard de la chasse, vivent selon un statut de « handicapé cynégétique ».

Les femmes qui ne chassent pas, se comportent sur le terrain avec plus d'insouciance, pour ne pas dire avec plus de naturel. C'est la raison pour laquelle elles aperçoivent souvent plus de gibier que nous, les chasseurs. Les femmes peuvent continuer à marcher ou à conduire comme si de rien n'était et nous emmener à notre poste d'affût sans éveiller de soupçons. En fait, le chasseur devrait déjà y penser lorsqu'il définit la localisation géographique de ses postes d'affût !

La pirsch en voiture

Il faudrait se souvenir et imiter cette ancienne tradition cynégétique consistant à pratiquer la chasse à la pirsch en calèche. Seuls les chasseurs débutants baissent la vitre de la portière pour pouvoir tirer à partir de leur véhicule. Si c'est interdit, cela n'en est pas moins pratiqué sur de nombreux territoires de chasse. Dans la chasse traditionnelle en calèche, tirée par un attelage de chevaux, comme cela se pratiquait autrefois, le cocher conduisait ses maîtres – souvent avec des manœuvres nécessitant beaucoup de dextérité – au plus près du gibier convoité. Le chasseur descendait de la calèche – qui continuait à avancer lentement – sans se faire voir du gibier. Avant de tirer, il attendait que la calèche ait disparu hors de la vue des animaux. Ainsi, ces derniers n'établissaient-ils aucun lien entre la calèche et le coup de feu.

Inutile, pour se payer le luxe d'un tel mode de chasse, de se marier avec la fille d'un grand propriétaire terrien. Notre épouse, au volant de notre Suzuki ou Skoda, s'en tirera très bien !

La voiture parcourt doucement et, si possible, à vitesse régulière, le territoire de chasse. Le chasseur n'occupe pas le siège du passager à l'avant du véhicule, mais le siège arrière. Ainsi a-t-il la possibilité, en fonction de la situation, de quitter la voiture

À la pirsch en voiture : les chevreuils se déplacent vers le haut. On les aperçoit depuis la voiture qui avance lentement. Le chasseur descend du véhicule, du côté opposé du gibier, en haut de celui-ci. La voiture poursuit sa route, sans modifier sa vitesse.

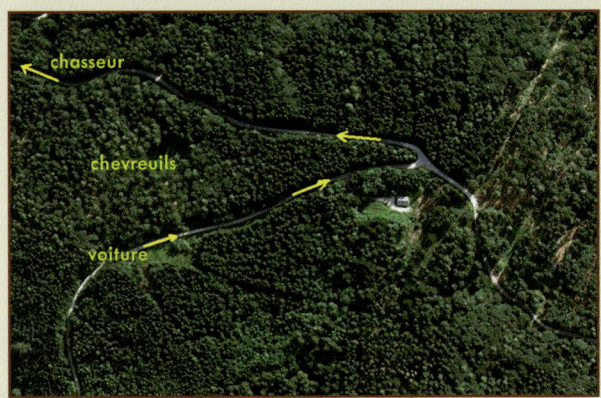

En fonction de la situation, le chasseur a aussi la possibilité de descendre déjà du véhicule vers le bas. Il devra, si possible, éviter de tirer avant que la voiture soit hors de la vue et de l'ouïe du gibier.

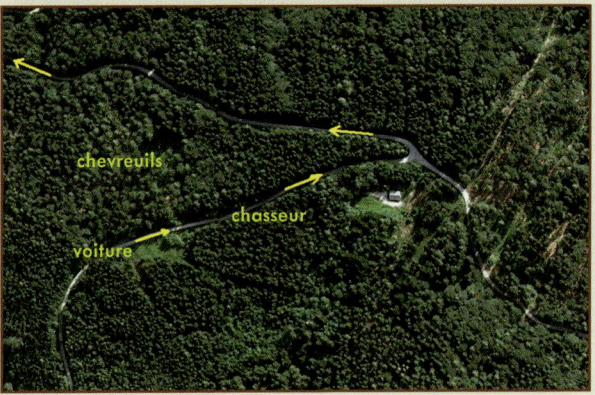

du bon côté, à savoir du côté opposé de l'endroit où se trouve le gibier. Lorsque ce dernier a été aperçu, la première question à se poser est de savoir vers quelle direction il va se déplacer. La deuxième question est celle du vent. Vaut-il mieux descendre de voiture à bonne distance de tir, ou alors se laisser conduire à l'endroit où le gibier devrait passer ?

Descendre habilement de la voiture

La décision dépend des situations locales. Il faut en tout cas que, là où l'on descend, il y ait suffisamment de couvert, ou bien un mirador sur lequel on puisse monter sans se faire repérer. Notre auxiliaire continue à rouler à la même vitesse. Il ne faut pas qu'elle disparaisse à la vitesse de l'éclair. Plus le gibier concentre son attention sur cette voiture qui s'en va, mieux cela sera pour nous. Et plus il s'écoule de temps entre la disparition du véhicule et notre coup de feu, moins le gibier établira un lien entre ces deux évènements. Quoi qu'il en soit, ces tours de pirsch en voiture n'ont rien à voir avec une quelconque réalisa-

Le tir à partir de la voiture est strictement interdit : il est considéré comme un acte de braconnage.

tion d'un plan de chasse à n'importe quel prix. Même s'ils font appel aux moyens d'aujourd'hui, ils se rapprocheraient plutôt de ce grand art que constituait un ancien savoir-faire cynégétique. Et si tout se déroule comme prévu, le plaisir partagé est immense !

Pousser le gibier devant soi

Lors de certaines conférences relatives à l'histoire de la chasse, on nous explique ce que signifiait autrefois le lancer du gibier. Et certains conférenciers laissent entendre qu'aujourd'hui encore, on pousserait le gibier – à l'aide d'un chien de rouge travaillant à la longe – en direction d'un chasseur posté. Mais il s'agit là d'exceptions. En réalité, on peut pousser le gibier devant un chasseur posté, en pratiquant un dérangement ciblé des animaux. Ainsi l'on peut orienter dans une certaine direction le déplacement du gibier.

Considérons le cas suivant : c'est l'automne et, durant la nuit, les chevreuils se déplacent dans la plaine, parfois aussi en bordure de village, où ils trouvent des pommes mûres tombées des arbres. C'est un endroit où nous ne pouvons pas nous approcher d'eux. Nous nous mettons à l'affût au petit matin, en lisière de forêt, mais lorsque nous sommes postés à droite, les chevreuils rentrent se remiser par la gauche. Et quand nous sommes à gauche, ils rentrent par la droite. C'est à s'arracher les cheveux. On peut, parfois, s'en approcher en mettant à profit le passage régulier d'un véhicule (le camion de ramassage du lait, par exemple). L'on peut aussi barrer un côté par notre compagne faisant mine de se promener, ce qui permettrait d'orienter les chevreuils dans la direction souhaitée. Il existe d'innombrables situations, que nous sommes en mesure de maîtriser, avec notre compagne !

Nous ne sommes pas non plus tenus d'acheter un chien pour pouvoir chasser un renard. Il y a toujours des situations où notre

Deux étangs entourés de roseaux. Ensuite, un perchis et, à l'endroit le plus étroit, le chasseur posté à l'affût du renard venant d'être levé. Cette petite poussée de renard a, presque chaque année, connu le succès.

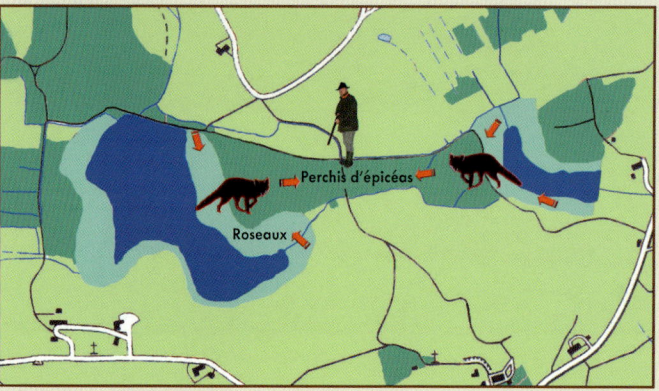

Le renard prend généralement le chemin le plus court, qui le mène de sa remise diurne au prochain fourré. En tenant compte du vent, le chasseur se tient sur la coulée menant au prochain fourré ou à l'entrée de ce dernier.

compagne peut nous aider ! D'ailleurs, il est commode aussi que notre compagne tienne le chien en laisse, pour le lâcher au bon endroit au moment convenu.

Les renards peuvent se coucher furtivement n'importe où, et ils aiment partir de bonne heure. Notre compagne peut, tout en soliloquant à voix basse, barrer sans problème les voies de passage arrières et latérales du renard. Elle n'a même pas besoin, ensuite, de rabattre le fourré concerné en donnant de la voix. Il lui suffit d'y pénétrer de temps à autre, le plus tranquillement possible, lentement et en se raclant la gorge.

Il est parfois utile, dans les pays où le droit de la chasse le permet, de « fermer » au moyen d'une bande de signalisation (rubalise) une partie de l'enceinte traquée, afin de remédier à l'absence de l'un ou l'autre chasseur.

Totalement émancipées

Les femmes sont capables aussi de traquer les chevreuils avec succès. Ces derniers sont beaucoup moins sensibles que les renards. En effet, nos petits cervidés restent souvent tapis, immobiles, alors que des gens qui leur paraissent inoffensifs passent tout près d'eux. Les chevreuils sont d'autant moins enclins à se lever et à s'enfuir, que les gens traversant leurs remises se comportent de manière prévisible. Ainsi, les femmes qui traversent silencieusement une remise, en se comportant de manière imprévisible, produisent généralement plus d'effet que si elles le faisaient en palabrant.

À NOTER !

Plutôt qu'une douzaine d'amies très séduisantes, il vaut mieux avoir près de soi une épouse qui a du plaisir et de l'intérêt à la chasse !

Ces contemporains dont on profite

Il y a certaines occasions que nous pouvons mettre à profit pour la chasse. Par exemple, la présence des bûcherons. On trouve encore des chasseurs qui pensent que les travaux d'exploitation forestière dérangent et font fuir le gibier. Cela est totalement inexact en ce qui concerne les chevreuils, et n'est vrai que dans certaines conditions pour ce qui concerne l'espèce cerf. Je me souviens d'un jour de printemps, où les bûcherons travaillaient à côté de notre maison forestière. Après la pause de midi, le chef d'équipe me demanda de marquer encore quelques arbres, afin d'atteindre le volume de bois souhaité. J'effectuai ce martelage à côté de la maison. Alors que j'étais en train de marteler les arbres, un chevreuil se leva subitement, à dix mètres derrière nous, et s'enfuit en quelques bonds hors de notre vue. Il nous avait laissé passer à quelques mètres de lui, sans broncher. Et, durant tout ce temps où les deux bûcherons travaillaient

> **À NOTER !**
> À la chasse, le changement de méthode constitue souvent un gage de réussite !

avec leurs tronçonneuses, il n'avait cessé de les observer, ainsi que nous-mêmes et notre maison. Il était couché à moins de 40 mètres d'un des arbres abattus !

Les bûcherons sont inoffensifs

En hiver, il commence déjà à faire nuit lorsque les bûcherons s'arrêtent de travailler pour rentrer chez eux. Il est trop tard pour se mettre à l'affût. Mais le samedi, lorsqu'ils ne travaillent pas, je me suis souvent posté – avec succès – à l'affût, là où les bûcherons avaient été à l'œuvre la veille, car les chevreuils trouvaient alors, à cet endroit, une nourriture nouvellement tombée qu'ils appréciaient particulièrement. Il s'agit, chez nous, du gui et des extrémités des branches de sapin pectiné ! Il est faux de dire que les chevreuils se décantonnent, parce qu'ils entendent, toute la journée, le moteur bruyant des tronçonneuses ou celui des tracteurs de débardage. Certes, ce vacarme ne les attire pas spécialement, mais ils en connaissent le caractère inoffensif. Ils attendent que les bûcherons cessent le travail et s'en aillent.

Les paysans et les bûcherons aperçoivent souvent des animaux sauvages qui ne sont pas apeurés. En leur compagnie, le chasseur peut s'approcher du gibier, sur la remorque d'un tracteur ou dans la voiture d'un bûcheron, lorsque celui-ci va au travail ou qu'il rentre à la maison. Le camion de ramassage matinal du lait, peut, lui aussi, constituer occasionnellement un moyen de transport permettant au chasseur de se rapprocher, en rase campagne, du gibier convoité. Dans la forêt, cela peut être les camions de transport des grumes. Il suffit d'être un peu flexible et inventif.

Sur l'un de mes anciens territoires de chasse, existait une vieille futaie, fortement abîmée par une tempête, mais où une belle

Les règles de sécurité s'appliquent aux chasseurs autant qu'aux bûcherons. Pour effectuer des travaux de ce type, il faut porter un casque avec une visière de protection, ainsi que des vêtements de sécurité !

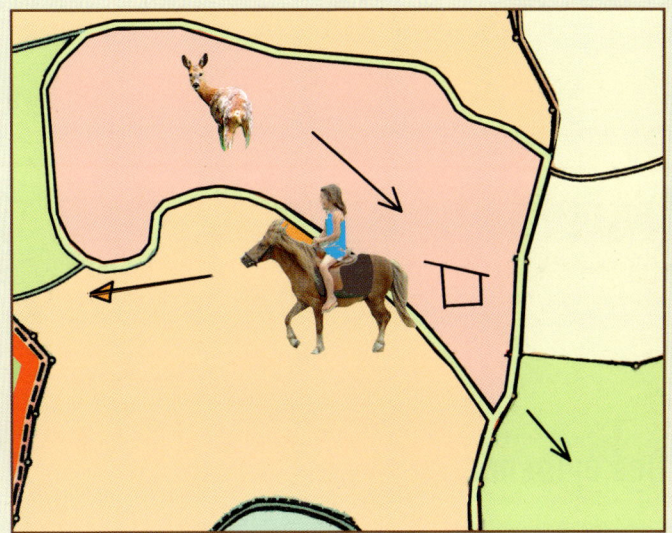

Exemple d'une mise à profit d'un prétendu dérangement : les chevreuils passaient leurs journées dans une futaie éclaircie par une tempête et où s'était installée, en sous-étage, une belle régénération. La flèche indique la direction des déplacements habituels de chevreuils, le soir. La ligne jaune montre le chemin suivi, en fin d'après-midi, par de jeunes cavalières.

régénération naturelle s'était installée. Il y poussait énormément de framboisiers, de prénanthes et d'autres mets pour le gibier. Cette surface en régénération, s'étendant sur environ trois hectares, était entourée d'un chemin en boucle. En hiver, on trouvait toujours, tous les vingt mètres à peu près, des traces de chevreuils traversant ce chemin. À plusieurs reprises, je m'étais posté à l'affût dans la futaie environnante. Mais les chevreuils ne traversaient le chemin qu'au moment où la nuit était presque tombée. Un jour, je découvris que, pratiquement toutes les fins d'après-midi, trois jeunes cavalières passaient par là, sur leurs poneys. Leurs bruyantes conversations et leurs rires, étaient toujours audibles de loin. Je construisis donc, à tout au plus dix mètres du chemin, dans la régénération – encore dense à ce moment-là –, un poste d'affût au sol, et aménageai un court sentier, bien entretenu, pour y parvenir. Trois hivers de suite, j'eus la chance de pouvoir tirer un chevreuil à partir de ce poste d'affût. Pour y parvenir, je profitai soit de jours sans neige, soit de jours où elle était molle, et je veillai toujours à bénéficier d'un vent favorable. C'est ainsi qu'à deux reprises, chaque hiver, j'attendis que les jeunes filles arrivent sur leurs poneys, je marchai à côté ou derrière elles pour pouvoir atteindre – sous la protection de leurs palabres – mon poste d'affût. Selon mes calculs, les chevreuils devaient certainement être détournés par les cavalières. Il se déroulait alors toujours une demi-heure ou une heure, jusqu'à ce que les chevreuils s'approchent de mon poste. Cependant, si j'avais eu souvent recours à ce stratagème, les chevreuils auraient certainement compris.

Avant et immédiatement après le tir

Des évidences oubliées

Nous voulons tous chasser avec succès et, parfois, nous y parvenons très bien. Nous sommes installés sur un mirador, nous apercevons du gibier et nous décidons de tirer un animal déterminé. Tout se déroule conformément à nos plans. Mais l'animal sur lequel nous avons tiré ne s'effondre pas sur place. Il s'enfuit dans le fourré voisin. Cela ne figurait pas dans nos plans !

Le chasseur va alors à l'anschuss. Mais il n'est pas rare que le plan vacille à nouveau. En bas, vu du sol, tout se ressemble tellement ! L'anschuss était-il plus à gauche ou plus à droite ? La distance était-elle si grande, ou peut-être plus restreinte ? Le chasseur cherche. Il va et vient et, s'il joue de malchance, il dissémine peut-être l'anschuss – concentré au départ sur quelques mètres carrés – sur un demi-hectare ! Avec ses chaussures, il véhicule du sang, des poils, des esquilles osseuses et du contenu stomacal.

Où l'animal se tenait-il ?

Plus le chasseur cherche par-ci, par-là, moins il en sait. Souvent, il ne trouve même pas d'indices. Et le doute s'installe quant à la localisation de l'anschuss. Le chasseur retourne au mirador, se repasse le film qu'il a mémorisé dans un coin de sa tête. Quelque part, 20 mètres environ derrière l'animal, se trouvait un petit épicéa... Mais, il y a plusieurs épicéas, et il ne peut plus dire avec certitude, devant lequel de ces arbres se tenait l'animal sur lequel il a tiré. Le chasseur redescend du mirador, se remet à chercher et ne trouve toujours rien. Il décide d'aller voir là où l'animal a pénétré dans la forêt ou dans le champ de maïs. C'est clair, ça doit être là-bas... Évidemment, il ne trouve rien non plus de ce côté, ni rien de l'autre. Il trouve une coulée. Il l'emprunte pour pénétrer dans le fourré, la suit aussi loin qu'il le peut. Rien. Aussi se met-il à chercher dans le bois, à droite et à gauche.

Bien enregistrer avant le tir : «En droite ligne vers le petit tronc (le plus frêle), à l'extrême droite, et à environ 2 à 5 mètres du bord de la friche de céréale...»

Le chasseur, debout à l'endroit où il a tiré, se réfère à une marque à l'arrière-plan et indique ainsi à un auxiliaire la place où se tenait l'animal blessé au moment du tir (l'anschuss).

Il cherche des excuses : le calibre n'était pas approprié, la munition non plus, l'arme était trop huilée, le vent trop fort, le soleil trop éblouissant, l'angle de tir trop raide, la distance mal appréciée... Quant à la carabine, l'armurier l'avait mal réglée...

Bien peu de chasseurs acceptent l'idée que tout s'est bien déroulé : l'animal, touché par une bonne balle, est parti à fond de train à 30 ou 50 mètres de là, avant de s'effondrer. Sa recherche, effectuée une heure plus tard – même avec un chien sans grande expérience –, aurait pu être couronnée de succès.

Mais il se peut que la balle ne soit pas bien placée et que l'animal blessé soit allé se coucher dans sa reposée, non loin de l'anschuss. Dans ce cas, la recherche – avec le comportement du chasseur décrit ci-dessus – serait nettement plus difficile, même avec un chien expérimenté !

À NOTER !

Aussi longtemps que notre chien de rouge travaille consciencieusement sur la voie de l'animal blessé, nous restons sourds aux conseils et rappels des chasseurs qui nous accompagnent !

Indispensable

Il y a toujours des situations où même les chasseurs les plus aguerris et expérimentés sont incapables de dire avec exactitude où se trouvait l'animal au moment du tir, et vers où il s'est enfui. Si cela se produit rarement à la chasse à l'affût, c'est plutôt fréquent en battue.

Il faut que le chasseur soit au clair quant à l'endroit exact où il se trouve, avant même de tirer. S'il tire du mirador, il n'aura aucun problème à ce sujet. S'il se trouve par terre, et qu'il prend appui contre un arbre, il n'y aura pas de difficulté non plus. Cela sera plus difficile, si le chasseur tire de l'intérieur de la forêt vers l'extérieur : les arbres y seront plus nombreux. Mais la situation ne sera pas problématique si le chasseur s'est efforcé d'y penser auparavant et qu'il a noté quelques traits caractéristiques de l'endroit en question, ou qu'il a imprimé quelque marque au sol. Il peut agir de même, lorsqu'il n'existe aucun arbre ni aucune pierre à l'endroit du tir, et qu'il est tenu de tirer à bras francs ou de prendre appui contre son bâton de pirsch.

Bien localiser le gibier avant de le tirer

Il faut ensuite bien enregistrer l'endroit où se tient l'animal que l'on veut tirer. Cela n'est pas simple dans un champ ou sur toute autre surface dénudée. Il faut relever quelque trait caractéristique de l'arrière-plan : un clocher, un arbre, un poteau télégraphique, etc. Parfois, l'on dispose aussi d'une marque se trouvant devant l'animal convoité, comme un petit bouquet d'herbe ou le piquet d'un enclos.

Une autre source de difficultés est la distance. Il se peut qu'on l'ait bien appréciée, mais lorsqu'on se dirige vers l'anschuss, tout redevient quelque peu incertain. Là non plus il n'y a guère de problème si nous disposons d'une marque devant ou derrière notre animal, à laquelle nous pouvons nous référer ensuite. Si l'animal blessé s'enfuit, nous pourrons renseigner le conducteur de chien ou nous laisser guider par un auxiliaire.

Avant d'appuyer sur la queue de détente, nous devons encore faire attention à la posture et à l'attitude du gibier. Normalement, on ne tire sur un animal que s'il se tient bien en travers. Mais lorsque la luminosité est insuffisante par exemple, on peut se tromper. On croit que notre animal se tient bien de travers alors

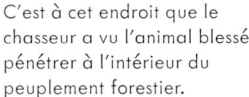

C'est à cet endroit que le chasseur a vu l'animal blessé pénétrer à l'intérieur du peuplement forestier.

qu'il est légèrement de biais. Connaître la posture et l'attitude corporelle du gibier peut être très utile en cas de recherche au sang difficile.

La réaction du gibier au coup de feu

Jusque-là, tout est très simple. Les choses se compliquent, surtout pour les chasseurs qui ne tirent que rarement du grand gibier, lorsqu'il s'agit de distinguer la réaction du gibier au coup de feu. Lorsque la nuit tombe, il est difficile de voir si l'animal bondit au moment où il accuse la balle, ou s'il s'effondre brièvement. Il est alors d'autant plus important de bien observer l'animal au moment où il s'enfuit et de repérer l'endroit où il rentre dans le bois. Cela est souvent plus facile à dire qu'à faire sur le terrain. Il se peut que l'animal blessé passe au-dessus d'un côte ou d'une crête : il disparaît alors de notre vue.

Il faut aussi « observer » avec nos oreilles. C'est plus facile avec des animaux isolés qu'avec ceux qui se tiennent dans une harde ou une compagnie. Parfois, l'on entend l'animal sur lequel on vient de tirer – surtout lorsqu'il s'agit d'un sanglier – se cogner contre un arbre. Un animal blessé fait généralement plus de bruit en s'enfuyant qu'un animal sain, parce qu'il ne contrôle plus très bien le mouvement de ses pattes. Peut-être entendons-nous l'animal s'effondrer et battre encore des pattes ? Si l'on tire sur un jeune animal et qu'il s'effondre, il arrive souvent que sa mère s'arrête après une courte fuite, et qu'elle se déplace de long en large, hésitante. Les biches ont tendance à pousser alors un cri d'alerte (une sorte d'aboiement). Le chasseur doit faire attention à tout cela, qu'il fasse lui-même la recherche au sang, ou qu'il confie cette tâche à un conducteur de chien de rouge.

Lors de la recherche, nous devons marquer bien visiblement l'anschuss, ainsi que l'endroit où l'animal blessé a pénétré dans la forêt. S'il s'agit d'une recherche qui dépasse celle – brève – d'un gibier mort, il faudra marquer (baliser) régulièrement la trace, en fonction de l'importance du sang que l'on trouvera, mais surtout lorsque celui-ci tendra à se raréfier. On balisera aussi les reposées, les marques infligées au sol par le pied de l'animal, ainsi que ses traces (vol-ce-l'est) bien visibles. Qu'importe que nous utilisions, pour ce faire, des brisées ou quelque autre moyen de marquage plus voyant et plus facile à retrouver.

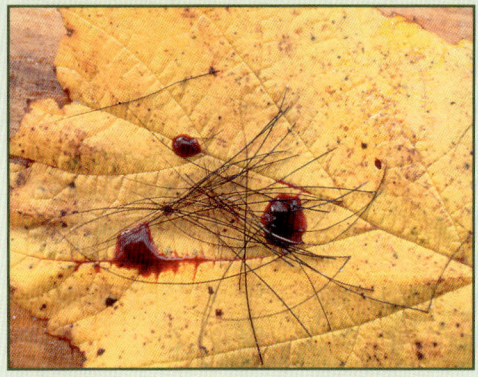

Des soies coupées par la balle et du sang de venaison. S'agit-il d'une balle ayant frôlé le sanglier ?

Du contenu de la panse ! Le chevreuil ne doit pas être loin...

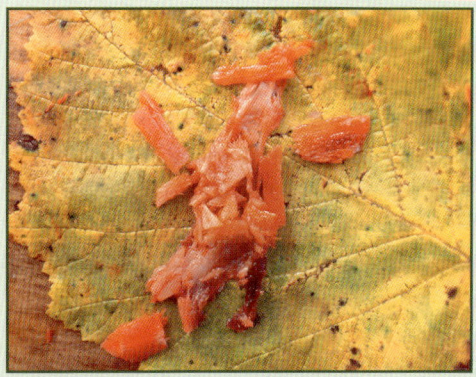

Il s'agit incontestablement d'esquilles de côtes. Un tir de thorax !

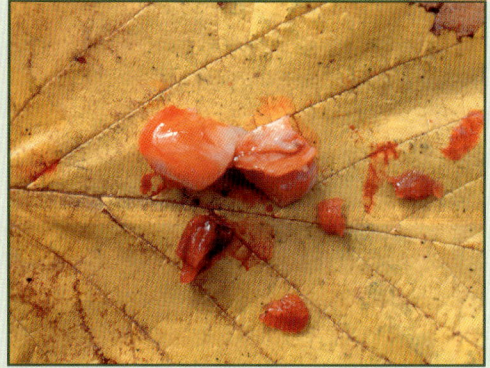

Des esquilles provenant d'une articulation (rotule). Il s'agit donc d'un tir de patte !

Du sang de poumon. Il ne faut donc pas attendre trop longtemps.

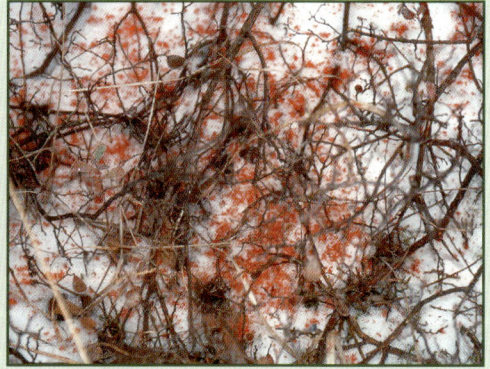

Sans la neige, on ne verrait pas ces fines gouttes de sang tombées au sol.

À QUOI LE CHASSEUR DOIT-IL FAIRE ATTENTION ?

En tout premier lieu	Il imprime dans sa mémoire l'endroit exact où il se trouve pour tirer et, éventuellement, il le marque.
Questions à se poser immédiatement avant le tir	<ul><li>Il y a-t-il un danger à l'arrière-plan ?</li><li>Comment pourra-t-on, avec un maximum de certitude, retrouver, après le tir, l'endroit où se tenait le gibier (mémoriser des points de repère dans le paysage) ?</li><li>Il y a-t-il des obstacles à la fuite éventuelle de l'animal ?</li><li>Quelles sont les posture et attitudes corporelles du gibier ?</li><li>Il y a-t-il un risque de ricochet pouvant toucher des animaux à proximité ?</li></ul>
Questions à se poser au moment du tir	<ul><li>L'animal touché fait-il le dos rond ?</li><li>Saute-t-il en l'air ?</li><li>S'effondre-t-il ?</li><li>Fait-il jaillir de l'eau (pluie, rosée) derrière lui ?</li></ul>
Questions à se poser immédiatement après le tir (concerne surtout des phénomènes visibles)	<ul><li>L'animal s'arrête-t-il encore un moment après le tir (en se tenant aux aguets) ?</li><li>Peut-on voir une sortie de balle ?</li><li>L'animal s'enfuit-il comme si de rien n'était ?</li><li>S'enfuit-il en baissant spectaculairement l'avant du corps ?</li><li>Balance-t-il une patte ?</li><li>S'enfuit-il en sachant où il va ou de façon incontrôlée ?</li><li>S'enfuit-il au milieu de sa harde ou de sa compagnie ou reste-t-il visiblement en arrière ?</li><li>Vers quel point de repère dans le paysage se dirige-t-il ?</li><li>Ralentit-il ou commence-t-il à perdre l'équilibre ?</li></ul>
Questions à se poser quand l'animal en fuite est hors de vue (concerne surtout des phénomènes audibles)	<ul><li>L'animal en fuite émet-il des bruits qui laisseraient entendre qu'il s'enfuit de façon incontrôlée ?</li><li>Peut-on entendre des bruits laissant entendre qu'il s'effondre ?</li><li>Peut-on entendre des bruits émis par un animal couché battant des pattes ?</li><li>Peut-on entendre un râle ?</li><li>L'animal gémit-il ?</li></ul>
Questions se rapportant à d'autres animaux (phénomènes visibles et audibles)	<ul><li>Des animaux accompagnant le gibier blessé dans la forêt s'arrêtent-ils, aux aguets ?</li><li>Un animal revient-il en arrière ?</li><li>Un animal brame-t-il, souffle-t-il ou pousse-t-il un cri d'alerte ?</li></ul>

Question santé/survie

Le comportement à adopter en cas d'urgence

À la chasse, on est souvent seul, et s'il nous arrive quelque chose, la situation peut vite devenir critique. C'est particulièrement le cas à la chasse en haute montagne, où les secours ne sont pas toujours joignables. Certes, aujourd'hui la plupart des chasseurs sont munis d'un téléphone portable, mais dans les régions alpines, le taux de couverture des réseaux téléphoniques reste souvent faible. Il suffit parfois de continuer son chemin jusqu'à un virage ou de passer par-dessus une crête pour qu'une communication puisse s'établir. Mais qui en a le temps et la force lorsque le frappe une attaque cardiaque ?

Des pansements dans le sac à dos

Il peut arriver que, même avec de simples blessures, l'on vive une situation critique. Supposons que le chasseur fasse un faux pas, dérape, se casse le pied et, en tombant, perde son téléphone portable. Le meilleur des réseaux téléphoniques ne sert plus à rien. De plus, tomber et se casser le pied n'arrive pas forcément à une heure de l'après-midi, sur un sentier très fréquenté par les touristes. Cela peut arriver à l'écart de tels sentiers et à une heure à laquelle peu de gens se trouvent en montagne. Le chasseur accidenté devrait avoir quelques pansements dans son sac à dos. Cela est censé aller de soi, mais l'expérience nous montre plutôt le contraire. Avec ses pansements, le malheureux chasseur peut éventuellement poser une attelle provisoire autour de son pied cassé et apporter les premiers soins aux blessures ouvertes. Si nous sommes en octobre ou en novembre, les nuits peuvent déjà, même en-dehors des régions montagneuses, être glaciales. Si le chasseur ne dispose pas d'une couverture de survie dans son sac à dos, il peut alors, même en cas de blessure relativement bénigne, vivre sa dernière nuit !

Il suffit d'un mauvais pas pour que s'avère nécessaire un transport en hélicoptère.

C'est une erreur de croire que ces situations critiques, où le chasseur se trouve en danger de mort, se rencontrent seulement en montagne. Cela peut nous arriver partout. L'infarctus peut nous frapper au cours de notre déplacement en voiture sur le territoire de chasse, pendant une paisible promenade de pirsch ou lors d'une séance d'affût sur un territoire périurbain. Dans la plupart des cas, le chasseur se rendra compte qu'il se trouve en danger et fera venir des secours.

Ne pas trop en demander

Peu d'entre nous exercent encore une activité qui leur procure suffisamment de mouvements. Nous travaillons presque tous en position assise. Même les forestiers sont assis au volant de leur voiture ou devant l'écran de leur ordinateur. Quant aux paysans, ils ne sont plus non plus ce qu'ils étaient autrefois. Ils ont, depuis longtemps, confié à des machines les travaux pénibles et astreignants du point de vue corporel.

Se préparer !

Celui qui va chasser en brousse ou en haute montagne devrait s'y préparer physiquement. Et il faut commencer cette préparation suffisamment tôt. On pensera que les mouvements qu'il s'agit alors d'accomplir sont bien différents de ceux que l'on exerce en faisant du vélo ou du jogging. Certes, celui qui fait régulièrement du jogging est en bonne condition physique. Mais à la chasse, on ne porte pas de tenue ultralégère comme celle des joggeurs et, une fois que les kilomètres ont été avalés, on n'a pas toujours la possibilité de prendre une douche, ni d'enfiler des vêtements propres et secs. Le chasseur porte une tenue relativement lourde, qu'il n'enfilerait jamais pour faire du jogging, voire à peine pour effectuer une randonnée en montagne. Il transporte sur lui une lourde charge, parce que la température se rafraîchit à l'affût, et qu'il doit être équipé pour la pluie, le vent ou la neige. Il porte parfois aussi des jumelles autour de son cou, une carabine à l'épaule, et un casse-croûte dans son sac à dos !

Une corde de rappel de 5 mm de diamètre et d'au moins 6 m de long (pour l'assurance, la recherche et le transport du gibier), un petit sécateur (pour se dégager et découper le gibier) et une lampe frontale doivent avoir leur place dans tout sac à dos de chasseur. Il s'y ajoute une couverture de survie, quelques pansements, une bande triangulaire (pour servir d'écharpe), un petit bout de ficelle, un peu de papier WC, un ou deux sachets nylon disposant d'une fermeture hermétique, un petit bloc pour prendre des notes, ainsi qu'un petit crayon (qui écrit toujours). Et, en cas de besoin, un tube de crème solaire.

Le brouillard est parfois dangereux et rend la chasse en haute montagne inutile.

Aussi, des marches longues et astreignantes, ainsi que de fréquentes montées d'escalier sont-elles plus adaptées aux exigences requises pour la chasse en brousse ou en haute montagne, que la pratique du vélo ou du jogging, même si les unes n'excluent pas les autres.

La question du vertige

Lorsque quelqu'un ne peut pas regarder dans le vide, que ce soit du haut d'une montagne, d'un bâtiment élevé ou d'un pont, on parle généralement de vertige. En réalité, il peut s'agir de deux phénomènes très différents : le *vertige des hauteurs* ou la *peur du vide* (ou acrophobie).

Le vertige des hauteurs

La sensation de vertige peut être problématique à la chasse en général, et particulièrement à la chasse en montagne. Certains chasseurs étouffent cette sensation, s'efforcent d'agir quand même, car ils sont convaincus qu'un homme en bonne santé ne doit pas ressentir de vertige. En réalité, celui-ci est une réaction corporelle normale, en aucune façon pathologique, mais constituant plutôt une garantie de survie. Le vertige des hauteurs trouve son origine dans des phénomènes biologiques compréhensibles. Lorsque la distance est trop grande entre nos yeux et le prochain objet visible et perçu comme stable, il se produit une déstabilisation de notre attitude corporelle. Notre tête vacille insensiblement, parce que nous voulons voir avec plus de précision cet objet que nous considérons comme stable. Certains réflexes primordiaux amènent notre corps à vaciller en même temps : il s'efforce de stabiliser sa situation au moyen de la périphérie de la rétine, mais ce facteur stabilisant manque lorsque le regard se porte en direction du vide. Celui qui est concerné peut le tester. Lorsque, se tenant au bord d'un précipice, il regarde le fond, il est saisi d'une forte sensation de vertige et perd son assurance habituelle : il se sent attiré par le vide. Pourtant, si quelques mètres plus bas se trouvent des pins buissonnants accrochés à la paroi, il se sentira plus en sécurité, même si, d'un point de vue purement rationnel, il sait que ces faibles arbustes ne pourront pas le sauver en cas de chute.

Il se produit le même phénomène lorsqu'on regarde dans le vide du haut d'une tour, d'un barrage ou d'un viaduc. Celui qui souffre du vertige des hauteurs ne se hasarde pas à s'appuyer contre la balustrade et à regarder en direction du fond. Il reste un ou deux pas en arrière. Ses yeux s'accrochent à la balustrade, ce qui lui donne une sensation de sécurité.

Un autre exemple concerne les gens travaillant dans un immeuble d'une hauteur conséquente et souffrant du vertige des hauteurs. Les bureaux actuels disposent souvent de fenêtres descendant jusqu'au plancher. Ces personnes éprouvent, au quotidien, quelques difficultés à s'en accommoder. Elles n'osent pas s'approcher des fenêtres. Si leur table de bureau est quelque peu en retrait de ces dernières, elle leur procure une sensation de sécurité. Souvent, les personnes qui travaillent à un tel endroit s'habituent à cette situation et finissent, au bout d'un certain temps, par pouvoir s'approcher des fenêtres.

Entraînement

L'habitude rend insensible : cela s'applique aussi au vertige des hauteurs. Celui-ci peut, avec un peu d'entraînement, diminuer progressivement, voire disparaître totalement. Dans les immeubles élevés, on peut s'accoutumer marche par marche à la hauteur. Une fois que l'on supporte sans problème la vue sur la chaussée du haut du deuxième étage, on finira par maîtriser aussi le troisième et le quatrième. Les ponts procurent également de bonnes situations d'entraînement. Celui qui ne réussit pas à regarder en bas à partir du milieu de l'ouvrage, pourra commencer à s'entraîner à partir du bord, là où la végétation arbustive qui s'étend en pente douce vers le bas fait encore miroiter une relative sensation de sécurité. Au bout d'un certain temps, il supportera de regarder librement dans le vide.

La peur du vide

La peur du vide (acrophobie), est un phénomène très différent. Il s'agit d'un problème principalement psychique. Celui qui en souffre s'imagine qu'il perd le contrôle sur son corps et qu'il tombe dans le vide. Aussi ne doit-il, en aucun cas, se tenir directement au bord d'un précipice. Avec la peur du vide, peuvent survenir en très peu de temps – parfois même au bout de quelques secondes – des symptômes imprévisibles comme une sensation d'étouffement, de vertige ou des forts battements de cœur. La personne concernée est frappée de torpeur, elle se met à transpirer et, parfois, ressent des douleurs à la poitrine. La peur du vide peut, dans une certaine mesure, être soignée : d'abord par du training autogène et des exercices de relaxation, ensuite par une psychothérapie et, enfin, avec certains médicaments. Celui qui souffre de la peur du vide devrait bien réfléchir avant d'envisager un séjour de chasse en haute montagne.

Que devons-nous faire lorsque nous souffrons de la peur du vide et que nous voulons, malgré tout, chasser en haute montagne ?
- Concentrer nos yeux et nos pensées sur le sentier sur lequel nous nous déplaçons et sur chacune des marches que nous gravissons.
- Éviter, lorsque nous marchons dans un versant, de regarder vers le bas. Notre regard doit plutôt se diriger devant nous, légèrement vers le haut.
- Traverser rapidement les endroits exposés, sans nous arrêter.
- Prendre, en toute conscience, le risque de regarder brièvement vers le bas, lorsque nos yeux trouvent encore quelques objets situés non loin en-dessous de nous auxquels ils peuvent s'accrocher (quelques arbres isolés ou groupes de pins buissonnants, par exemple). Ce faisant, nous réconfortons notre psychisme en laissant entendre que « ça a marché ! ».
- Éviter d'observer des objets en mouvement, comme des oiseaux, des avions ou des nuages. Nous ne nous servons pas de nos jumelles, car celles-ci renforcent notre peur du vide.
- S'arrêter délibérément à quelques endroits moins exposés pour y contempler – debout ou assis – le paysage qui s'étale devant et en-dessous de nous. Nous gagnons ainsi un peu de confiance en nous.

Un AVC à la chasse

L'accident vasculaire cérébral (AVC) n'est souvent pas reconnu immédiatement comme tel. La personne touchée ne fait peut-être que trébucher, comme cela arrive régulièrement à la chasse. Une pierre, une racine d'arbre ou quoi que ce soit d'autres en sont la cause *apparente*. Celui qui est touché se relève, réagit, a priori, tout à fait normalement et cependant, il vient d'être frappé par une attaque cérébrale. Maintenant, le temps est compté – jusqu'à ce que la situation devienne irréversible. La personne touchée ne perçoit, dans le fait de trébucher, aucun signal d'alarme, car elle croit détenir l'explication. De plus, elle se sent à nouveau en forme. Naturellement, il peut arriver aussi que certains symptômes caractéristiques d'un AVC apparaissent nettement, comme une subite paralysie ou des difficultés de vision ou d'élocution.

Un test tout simple nous permet éventuellement de tirer la sonnette d'alarme. Il n'est, toutefois, que rarement sollicité par la personne touchée. Nous nous devons donc tous d'être d'autant plus vigilants à l'égard de ces problèmes lorsque nous sommes témoins d'un tel incident.

Comment devons-nous réagir en cas de soupçon d'un AVC ?
- Demander à la personne touchée de sourire. Si elle n'y arrive pas, c'est qu'il s'agit d'une paralysie !
- Lui demander de formuler une simple phrase.
- Lui demander de lever les deux bras.
- Lui demander de tirer la langue. Si celle-ci est tordue et pend de côté, c'est qu'il y a, là aussi, un soupçon d'AVC.
- Dès lors que la personne touchée ne rencontre des problèmes qu'avec une seule de ces quatre petites tâches, il faut immédiatement appeler les secours. Les accidents vasculaires-cérébraux doivent être soignés en l'espace de trois heures. À première vue, il s'agit d'un temps suffisamment long. Dans la pratique, cela s'avère terriblement court !

Un infarctus à la chasse

En Europe, le nombre d'hospitalisations pour un infarctus du myocarde varie de 90 à 312 par 100 000 habitants, par année et par pays. Si l'infarctus peut être mortel, il peut aussi passer inaperçu. Un infarctus peut également survenir à la chasse. Il ne suppose pas qu'on ait fourni des efforts physiques particuliers. Nous pouvons en être victime au cours du trajet en voiture nous menant à notre mirador, ou au cours d'une séance passée en toute tranquillité sur ce dernier. Lorsqu'il survient à la chasse, nous pouvons être seuls et surtout bien plus éloignés des secours que si nous étions au bureau ou devant notre téléviseur.

Des « trous » dans la couverture réseau

Il est vrai que la plupart des chasseurs sont aujourd'hui équipés d'un téléphone portable, sur lequel ils ont enregistré le numéro d'appel des premiers secours. Malheureusement, les zones non couvertes sont souvent nombreuses sur nos territoires de chasse, surtout en montagne. Aussi est-il doublement important de prendre au sérieux l'apparition des premiers signes

L'hélicoptère ne permet de nous sauver d'un infarctus que si l'alarme est donnée en temps voulu.

d'infarctus, même s'il doit apparaître par la suite que ces symptômes n'étaient que des phénomènes physiques bénins.

Même lorsque nous bénéficions d'un réseau téléphonique suffisant et que nous pouvons prévenir les secours d'urgence, se pose souvent le problème de savoir décrire notre localisation géographique de façon suffisamment précise pour permettre à une équipe de secours d'arriver rapidement sur place. Il s'y ajoute le fait que beaucoup de chemins forestiers sont aujourd'hui fermés avec une barrière. Il arrive aussi que les chemins d'accès soient momentanément entravés par la présence de grumes ou de camions en train de charger du bois, et que le véhicule des premiers secours doive attendre que le chemin soit dégagé.

En ville, le système de navigation GPS reconnaît chaque déviation et oriente, de façon très fiable, le conducteur d'un véhicule équipé vers l'objectif qu'il s'est fixé. Sur le territoire de chasse, surtout en montagne, l'équipe de secours risque toujours de s'égarer et de perdre un temps précieux. Dans les cas les plus graves, c'est l'hélicoptère qui intervient aujourd'hui. Mais celui-ci rencontre souvent aussi, en forêt et en montagne, des problèmes pour localiser le patient et pour trouver une aire d'atterrissage.

L'infarctus peut frapper tout le monde, mais les personnes particulièrement menacées sont les fumeurs, les alcooliques, ainsi que celles qui ont des difficultés à se mouvoir, du surpoids, de l'hypertension, des teneurs élevées en glycémie ou en cholestérol. Elles devraient bien réfléchir avant de se risquer à fournir, à la chasse, des efforts physiques inhabituels. En tout cas, il faut toujours tenir compte des signes d'un éventuel infarctus.

LES PREMIERS SECOURS À LA CHASSE

Arrêt subit du cœur	Un massage cardiaque et une respiration artificielle doivent être entrepris sous trois minutes. Sinon, du fait de l'arrêt respiratoire, certaines cellules du cerveau commenceront déjà à se nécroser. Il est donc plus important de s'activer à ce premier secours que d'appeler des sauveteurs, dans la mesure où cet appel peut demander davantage de temps.
Suspicion d'un AVC	Veiller à l'arrivée d'air frais, ouvrir les vêtements trop serrés. Placer le patient de façon à ce que le haut de son corps soit légèrement surélevé. Le tranquilliser. Ensuite, appeler des secours au plus vite.
Suspicion d'un infarctus	Appeler immédiatement des secours ! Coucher le patient (si possible sur son flanc droit) de façon à surélever légèrement le haut de son corps. Le tranquilliser.
Crise d'asthme	Administrer le spray que le malade asthmatique devrait toujours porter sur lui. Placer le patient de façon à ce que le haut de son corps soit légèrement surélevé, le tranquilliser et lui éviter tout mouvement. Appeler les secours. S'il fait froid, couvrir le patient avec une couverture de survie.
Coup de foudre	En cas d'arrêt respiratoire, pratiquer immédiatement un massage cardiaque et une respiration artificielle. Ensuite, faire venir des secours aussi vite que possible.
Gelures	Ouvrir les vêtements trop serrés. Couvrir la partie du corps concernée d'un pansement stérile. Administrer aussi vite que possible des boissons chaudes et sucrées. Pas d'alcool ! Ne pas réchauffer directement les parties corporelles gelées et ne pas les frotter avec de la neige. Consulter au plus vite un médecin.
Chutes et fractures	En cas de fractures, appeler immédiatement des secours. Recouvrir les fractures ouvertes avec un pansement stérile. Ouvrir les vêtements trop serrés. Immobiliser les jambes et les bras fracturés. Tranquilliser le patient. En cas de blessures à la tête, allonger le patient sur le flanc.
Piqûres d'insectes	Les personnes allergiques ne devraient jamais aller à la chasse sans emporter le médicament à utiliser en cas de crise d'allergie ! En cas de piqûre dans la bouche ou dans le pharynx, appeler immédiatement les secours. Si possible, entourer le cou du patient d'un linge froid ou lui faire sucer des glaçons (que l'on peut éventuellement trouver dans une auberge).
Perte de connaissance	Toujours allonger le patient sur le flanc, dans une situation stable. Appeler les secours.
Hypoglycémie	Administrer du sucre au patient et le tranquilliser. Si possible, consulter un médecin.
Coup de chaleur	Placer le patient à l'ombre, le rafraîchir, le tranquilliser et le faire boire. Mettre fin à la chasse et consulter un médecin.
Saignement de nez	Arrêter l'écoulement de sang en formant un bouchon à l'aide d'un morceau de mouchoir jetable ou, sinon, avec un bout de papier WC. Les personnes qui souffrent régulièrement d'un saignement de nez ont intérêt à toujours emmener avec elles une boîte de petites ouates hémostatiques et cicatrisantes vendues en pharmacie. En tout cas, il ne faut jamais allonger le patient et lui faire pencher la tête en arrière (le sang coulerait alors dans l'arrière-gorge, ce qui ne permettrait pas la formation d'un caillot). Lorsque c'est possible, rafraîchir la nuque du patient avec du linge froid ou appuyer de la neige contre son nez.

Même les infarctus de moindre importance ne doivent pas être pris à la légère, car ils peuvent, par la fibrillation cardiaque, conduire à un subit arrêt du cœur. C'est au cours de la première heure de malaise que le risque d'un arrêt cardiaque est le plus grand !

Comment un infarctus s'annonce-t-il ?
- De fortes douleurs surviennent subitement autour de la poitrine et peuvent se diffuser dans l'épaule, le bras, la mâchoire inférieure et la zone ventrale supérieure. Ces douleurs persistent pendant plus de 20 minutes.
- Il se peut que surviennent en même temps un accès de transpiration et une envie de vomir.
- Mais attention : dans environ un quart de tous les infarctus, le patient ne ressent aucune ou très peu de douleurs !

La défaillance cardio-vasculaire

De nombreux chasseurs – et pas seulement les plus âgés – en font plus qu'ils ne devraient. Aujourd'hui, il ne faut plus montrer de faiblesse. Il serait bien plus raisonnable de se plier au postulat suivant : « Celui qui ne signale pas la faiblesse qu'il éprouve est soit naïf, soit fatigué de vivre ! » Dans le cas d'un collapsus cardio-vasculaire, il se produit une perte de connaissance due à une insuffisance temporaire d'approvisionnement du cerveau en oxygène. Le collapsus peut être le symptôme d'un AVC, d'un infarctus, voire d'une perturbation du métabolisme. Il peut avoir pour origine un surmenage, mais aussi une pression artérielle trop basse. Si l'on n'est pas soi-même formé au plan médical, on est incapable de le diagnostiquer. Aussi faut-il solliciter l'aide d'un médecin le plus rapidement possible.

Les premiers secours

Dans certains pays, la préparation au permis de chasser comprend obligatoirement une formation aux premiers secours. C'est tout à fait louable. Mais on oublie bien trop vite ce que l'on apprend. Une remise à niveau serait nécessaire au moins tous les cinq ans. Dans le présent ouvrage, nous ne bénéficions pas de la place suffisante pour traiter cette question de manière à peu près exhaustive. Nous nous limiterons au strict minimum des mesures à prendre que tout accompagnateur devrait absolument connaître. Nous les avons adaptées aux circonstances particulières de la chasse.

L'aide à la survie

Ce qui va suivre maintenant peut sembler, en comparaison avec l'AVC et l'infarctus, être peu de choses. Il ne faut pourtant pas les négliger. Dans la pratique, ces petits détails ou certains manquements qui paraissent sans gravité peuvent avoir des conséquences fâcheuses. Ainsi semble-t-il évident qu'un chasseur devrait disposer d'un minimum de pansements dans son sac à dos. Beaucoup de chasseurs y renoncent, arguant du fait qu'ils disposent d'une trousse de secours dans la voiture. À quoi peut-elle servir, si la voiture se trouve en bas, dans la vallée, alors que le chasseur est victime d'un accident, en haut, dans la montagne ?

L'on peut penser aussi aux travaux que le chasseur effectue parfois, qu'il s'agisse de la construction de miradors ou de l'entretien de sentiers de pirsch, où, à chaque fois, un minimum de pansements et de produits de désinfection peut être nécessaire. Un territoire de chasse est constitué d'une accumulation de dangers. Il suffit de penser à toutes ces clôtures en fil de fer barbelé que l'on rencontre sur certains. Le chasseur les enjambe ; il a même, conformément à la réglementation, déchargé son arme, ce que peu font, à vrai dire ; il reste accroché avec sa veste ou son pantalon et… tombe par terre. Un scénario-catastrophe où tout figure, de la fracture d'un membre à une grave lésion à l'œil !

Les couvertures de survie

Les couvertures dites « de survie », constituées d'un film polyester aluminisé, peuvent sauver la vie de quelqu'un ! Supposons que notre chasseur, par une température extérieure négative, se trouve, de nuit, sur le chemin du retour, du mirador à sa voiture, qu'il dérape sur une petite plaque de glace et qu'il se casse une jambe. Manquant de réseau, il ne peut contacter personne au moyen de son téléphone portable. Les coups de feu qu'il a lâchés pour donner l'alerte, au moyen des cinq cartouches qu'il porte sur lui, ne sont entendus par personne. À la maison, on ne s'inquiète pas non plus outre mesure. Il se pourrait, en effet, que le chasseur soit encore allé voir Pierre ou qu'il ait rencontré Paul quelque part, et qu'ils soient allés ensemble boire un dernier verre… C'est en fonction du mode de vie personnel de chacun que, dans ces cas-là, notre absence finit par être remarquée plus ou moins tardivement. En tout cas, on ne survit au fait de rester couché durant de longues heures sur un sol gelé, qu'au prix d'une grave hypothermie. C'est la couverture de survie, légère et pliable en un très petit paquet, qui nous permet de l'éviter.

Celui qui est tenu de prendre régulièrement des médicaments, ne doit pas les oublier lorsqu'il effectue un voyage de chasse à l'étranger. Il faut qu'il se renseigne bien auparavant. Parmi les médicaments usuels, il y en a certains que l'on trouve dans tous pays d'Europe, et d'autres non. Il existe sûrement, pour soigner la même maladie, un médicament différent. Mais seul le médecin traitant de la personne concernée peut dire si cette dernière supporte ou non ce médicament. En tout cas, en un rien de temps, on perd ainsi une précieuse journée de chasse et, si l'on chasse dans la brousse, c'est le séjour de chasse tout entier qui est perdu !

À la chasse en brousse ou en haute montagne que celui qui prend régulièrement certains médicaments doit en informer le guide de chasse. On ne meurt pas d'un mal de tête ou de dents ! Mais il n'est pas très réjouissant de passer une journée entière à chasser le chamois en ayant une forte migraine, voire de la fièvre.

Des remèdes de grand-mère

Celui qui porte de légères chaussures de ville toute l'année souffre vite de durillons, d'ampoules ou de simples meurtrissures lorsqu'il doit, subitement, marcher pendant des heures en portant de lourdes chaussures de montagne. Les journées de chasse qui se voulaient reposantes se transforment alors en un véritable calvaire. Pour éviter cela, il faut soigner l'achat des chaussures sans penser à faire des économies. Et il ne faut pas seulement porter son attention à la qualité de la doublure intérieure des chaussures, mais aussi à l'heure à laquelle on les achète. Nos pieds sont, en effet, plus petits au cours de la matinée qu'en fin d'après-midi.

Un baume pour les pieds

Le meilleur entraînement aux longues marches en montagne et un bon moyen pour éviter les durillons et autres callosités consiste à... marcher pieds nus ! Mais qui d'entre nous peut aller pieds nus au bureau, surtout s'il doit y accueillir du public ou y participer à une réunion de conseil d'administration ?

Mais soyons sérieux. Avant d'effectuer de longues randonnées de pirsch sur des terrains très escarpés, il peut être utile de porter, sous nos chaussettes de montagne, de fines socquettes, souples et au tricotage légèrement serré. Elles diminuent le risque de formation d'ampoules par les frottements du pied – qu'occasionne inévitablement la marche – à l'intérieur de la chaussure[2]. Pour être vraiment à l'aise à la pirsch et protéger nos pieds des frottements – donc des futures ampoules –, nous pouvons encore, avant chaque départ, enduire nos pieds d'un baume protecteur comprenant du beurre de karité, du suif de cerf (*adeps cervinus*), etc. Il protégera la peau des irritations, renforcera sa résistance et l'hydratera, prévenant ainsi le risque de callosités sur les zones du pied où les frottements sont fréquents.

Une huile essentielle

Une autre source de douleur est le cor au pied ou l'«œil-de-perdrix». Situés la plupart du temps sur le dos des orteils ou sous la plante des pieds, ils peuvent rendre le port des chaussures – donc la marche – extrêmement pénibles. Il existe d'innombrables remèdes de grand-mère pour les soigner : de l'huile de ricin à la résine de sapin, en passant par le jus de chélidoine, la macération aux lierres, les cataplasmes de vinaigre de cidre, etc. Ici, nous retiendrons avant tout l'huile essentielle d'arbre à thé (*Melaleuca alternifolia*), qui possède de nombreuses propriétés susceptibles de nous venir en aide dans la plupart de ces petits accidents qui peuvent gâcher un séjour de chasse. Anti-infectieuse et anti-bactérienne, cette huile essentielle s'avère aussi tonique (anti-fatigue), calmante et surtout très cicatrisante lorsqu'il s'agit de soigner de petites blessures de la peau. Elle devrait toujours avoir sa place dans le sac à dos du chasseur.

À la chasse en haute montagne, il faut impérativement prévoir une crème de protection solaire d'un indice au moins égal à 30. Et il faudrait toujours empocher un peu de glucose, et emporter suffisamment d'eau ou de jus de fruit.

Lorsqu'un séjour de chasse est programmé pour une nuit, voire pour plusieurs jours, il faut naturellement emporter tous les médicaments et autres substances dont la personne concernée ne peut se passer. Il va de soi qu'à la chasse en haute montagne ou dans la brousse, le chasseur devra préalablement informer son guide de tous les produits qui lui sont nécessaires !

---

2. On trouve aujourd'hui, sur le marché, des chaussettes de randonnée dites «doubles» composées de deux chaussettes l'une dans l'autre (souvent appelées aussi «4 faces»), maintenues ensemble par le haut de la tige. La chaussette interne se moule sur le pied et glisse à l'intérieur de la deuxième chaussette, prévenant ainsi la formation d'ampoules (N.d.T.).

Photos de couverture :
© Biosphoto/Sylvain Cordier : chasse au Lapin de Garenne dans le Lot France
© 2012 BLV Buchverlag GmbH & Co. KG, München, Germany

© 2014, éditions du Gerfaut, Paris

Ce livre a été réalisé par les éditions Mardaga
Rue du Collège, 27
B-1050 Bruxelles (Belgique)
pour le compte des éditions du Gerfaut
Rue Jacob, 26
F-75006 Paris (France)

www.editionsdugerfaut.com

Toute reproduction ou représentation intégrale ou partielle,
par quelque procédé que ce soit, du présent ouvrage est strictement interdite.

D/2014/13.198/6
ISBN 978-2-35191-153-2

Édition originale en allemand : *Erfolgreich Jagen*
© 2012 BLV Buchverlag GmbH & Co. KG, München, Germany

Traduit de l'allemand par Gilbert Titeux

Les éditions du Gerfaut souhaitent s'inscrire dans un processus de développement durable.
Elles travaillent donc avec des sous-traitants et en particulier des imprimeurs de proximité.
Elles choisissent pour l'impression de leurs ouvrages des papiers qui répondent aux normes
des écolabels.
Cet ouvrage a été imprimé en Belgique en août 2014 sur les presses de SNEL GRAFICS
pour le compte des éditions du Gerfaut.

SNEL GRAFICS est Imprimeur certifie Imprim'vert, FSC et PEFC.
Cet imprimeur nous garantit également
– l'utilisation d'encres végétales et de colles sans solvant ;
– le recyclage des plaques usagées et des récipients d'encre ;
– l'évacuation des déchets de papier par aspiration pour compactage et recyclage
  par des organismes agréés.